体验新科学系列

神奇的水世

修订版

贺大印 著

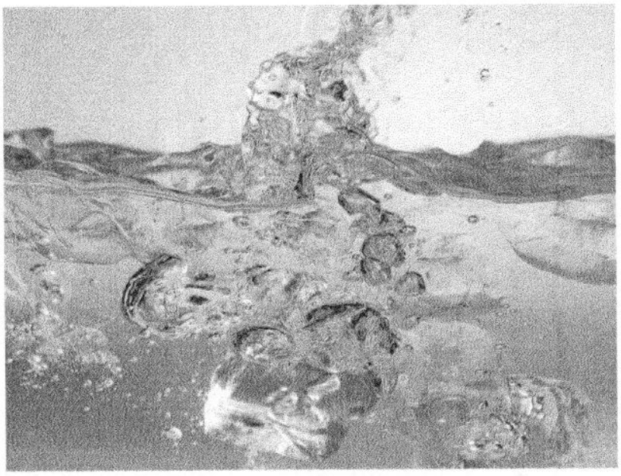

科学出版社
北京

图书在版编目(CIP)数据

神奇的水世界/贺大印著. —修订本. —北京：科学出版社，2016.4

（体验新科学系列）

ISBN 978-7-03-046094-3

Ⅰ. ①神… Ⅱ. ①贺… Ⅲ. ①水资源管理–普及读物 Ⅳ. ①TV213.4-49

中国版本图书馆 CIP 数据核字(2015)第 252747 号

责任编辑：邹 聪 刘 溪 刘巧巧/责任校对：张怡君
责任印制：李 彤/封面设计：黄华斌

科学出版社 出版
北京东黄城根北街 16 号
邮政编码：100717
http://www.sciencep.com
北京九州迅驰传媒文化有限公司印刷
科学出版社发行 各地新华书店经销
*
2012 年 7 月第 一 版 开本：A5(890×1240)
2016 年 4 月第 二 版 印张：6
2025 年 1 月第七次印刷 字数：120 000

定价：48.00 元

(如有印装质量问题，我社负责调换)

再版序

水让我们的地球变得绚丽多彩，离开了水，生命世界将不复存在，没有水，也就没有人类文明。然而，不少人不认识水，不了解水，甚至还在糟蹋水。我国水问题十分突出，已受到各方关注。

为宣传保护水资源，我国出版了不同版本介绍水的科普读物，其中，2012 年由科学出版社出版的贺大印所著的《神奇的水世界》较为新颖，颇受读者欢迎，对该书评述如下。

该书以先圣老子“上善若水，水善利万物而不争”的教诲为起点并指出，一个社会，爱水兴世；一个人，爱水修心。这在水科普读物中不多见。

该书把人和水当作地质体进行研究，从地质学观点全方位介绍水，颇有创意，体现了著者认识水的水平。该书介绍了水的神奇特性及其生命意义、地球上的水与其化学成分、水污染，以及水与健康。了解水，你才会更健康。该书还介绍了地质历史时期的水为现代文明社会而默默耕耘。

因为水，世界如此美丽；因为水，地球人生活如此多彩。

该书为配合水资源学科的发展，再版时向读者介绍新推出的绿水和虚拟水，拓宽了水资源范畴，著者受虚拟水的启迪，提出减少餐桌上的浪费是节约用水的关键，具有重要现实意义。

该书观点新颖、内容殷实、文简意明，是一部值得推荐的水科普读物。阅读该书可求解水的神奇，认知水的伟大和水对世界的卓越贡献，唤起人们对水的热爱，达到珍惜水资源、保护水资源的目的。

此外，该书还介绍了中国南方喀斯特风景形成机理，是一部旅游休闲的好读物。阅读该书可“闲中得知”和“游中求知”。

谢先德

俄罗斯科学院外籍院士

2015年8月

再版前言

《神奇的水世界》第一版于2012年7月问世，销售情况良好。据读者反馈，作者把水和人当作地质体进行研究，从地质现时空间和地质历史空间全方位介绍水，拓宽了认识水的思路。

考虑到《神奇的水世界》还有一些市场需求，为继续发挥其科普宣传作用再版。再版时作者根据水资源科学的发展和社会需要，主要增加以下内容：①介绍不久前才推出的绿水和虚拟水，以拓宽水资源范畴；②介绍二氧化碳积极参与生机盎然世界的建造，为二氧化碳树碑；③解答社会对饮水的两个关注点；④介绍消除水氯消毒副产物危害的简易方法。

作者在此衷心感谢国际地质科学联合会前主席、地质矿产部原副部长张宏仁教授和国际矿物协会前主席、俄罗斯科学院外籍院士、国际欧亚科学院院士、中国科学院广州地球化学研究所谢先德研究员，在百忙中审读书稿、举荐（编注：一版漏编，特致歉）并作序。

八十叟贺大印于南京工业大学江浦校区学府苑

2015年8月

前　言

水虽是人们生活中最必需、最熟悉的自然之物，但很多人并不了解水、认识水。因此，浪费水处处可见，污染水时时发生。

我国水资源形势十分严峻，依愚浅见，问题的焦点在于人们对水缺乏比较全面的了解和认识，因而缺乏对水的爱护、感恩之心。媒体虽然在保护水资源方面做了许多宣传工作，但受时间或版面的限制，多片断，不够完整；有关部门也组织出版了保护水资源系列丛书，但较专业化，一般读者难以理解。

孩童时的往事，好几十年过去了，许多记忆都已淡忘，但有一事笔者一生也难以忘怀。那就是抗日战争时，家住滚滚东流的长江边缺水的高坡上，在炎热的暑天，目睹大人们不顾日机轰炸，冒着生命危险用水桶排长队昼夜候在泉口，等泉眼像眼泪一样挤出的水滴，印象很深，水太珍贵了。上高中时学校无自来水，几百名师生生活饮用全靠一眼井水，清早打井水盥洗，用水也很难，不能随心所“浴”，但井水冬暖夏凉，无污染可随意喝，夏天清凉可口，很解渴。这些使笔者养成了珍惜每一滴水的好习惯。

笔者大学读的是与水有关的专业，毕业后一直从事这个专业的教学工作，因此与水结下不解之缘，对水怀有深厚的感情，十分关心我国的水资源问题，对严重污染水的现象深感忧虑。退休后，笔者想为保护水资源尽点微薄之力，在1986年为水文地质专业选修课自编讲义《地下水水质与健康》的基础之上，撰写了这本以水与生命、水与人体健康为主题的科普知识性小读物——《神奇的水世界》。力图从地质学观点，比较全面而简明地介绍水的知识，让读者比较全面地了解水、认识水。

地球上的水是“上苍”恩赐之物。太阳系中只有地球有水，有生命，而与地球相邻的火星则无此“幸运”，是一个无水（最新考查发现火星上可能有冰）、无生命的凄凉荒漠。在浩翰无边的宇宙中，有数不清的星星，到目前为止地球人还没有发现第二个有水和生命的星体（从理论上讲，宇宙中有存在水与生命的其他天体）。人的生命是地球上的水给的，应爱护有水的地球家园。

水分子间的氢键连接使水与同族元素的氢化物相比，具有十分奇特的性质，水是矿物成分十分复杂的天然溶液，生命意义重大。因此，水能哺育万物而使世界生机盎然。

水为地球孕育生命和生命进化默默耕耘，功不可没。

水是人的生命之本，人是水“建造”的生命体：人体生命物质组成和维持生命生长、生存所必需的有机物、矿物质和微量元素都是通过水从客观物质世界取得而进入人体的，水的生命作用巨大。

我国水污染十分严重，它不仅严重危害当代人的健康，还可能殃及子孙后代。地球上可用的水是有限的，我国又是一个贫水大国，水对于人来说具有不可取代的作用，人类应珍惜水，节约用水。

水对于生命、人类之恩千言万语难于说清。

如果人人都能真正地了解水、认识水，就会像珍惜自己生命那样去爱护水、感恩水，就会积极参加水资源保护和节约用水活动，中华民族的母亲河就能青春永驻，永远哺育炎黄子孙；水资源危机就不会发生，就能保证社会持续发展。

本书撰写水平有限，疏漏之处难免，请读者批评指正。

贺大印

2011年1月8日于广州凤凰城碧桂园

目　　录

引　　论

1 人与水

水是生命之源，水伴生命终身。人类受精卵中90%的成分是水，促进胎儿发育成长的羊水其成分98%是水，刚出生婴儿体重中80%是水，成年男性身体中的水占体重的70%。人的衰老就是水逐渐流失的过程，80岁老人身体中的水只占50%。人死亡后遗体火化时水变成一股青烟腾空而去，在空中消失，留下不含水的骨灰返回大自然。一个人就这样完成了自己的生命循环。

民以食为天，食以水为先。人可数日不食，但不可一日不饮水，严重缺水能致人休克甚至死亡。人饮用不卫生、不安全的水，会患传染病、癌症，甚至死亡，饮用某些微量元素缺乏或含量过少过多的水可能患地方病。

人每天都需要水，做饭、做菜需要用水，洗涤、清洁卫生也要用水。这些水归为生活饮用水，它在人均总用水量中所占的比例不大，而供人衣食住行的物质和工具在生产过程中却要消耗大量的水。例如，生产一份(重量)粮食要用水1000份，生产一份(重量)肉食要消耗水20 000份，一卷卫生纸要消耗80升水，制造一块电脑芯片需要消耗75升水。据《2014年中国水资源公报》(公报中数据不包括香港、澳门和台湾，以下同)统计，2014年全国总用水量6095亿吨，人均为451吨。其中，生活用水占总用水量的12.6%，年人均约56.9吨，日人均约156升；工业用水占22.2%；农业用水占63.5%；生态环境补水占1.7%。农业是用水大户，接近总用水量的2/3用于解决吃饭问题。因此，减少餐桌上的浪费对节约用水意义重大。

水是风景亮点。旅游休闲时游山玩水，听溪涧水淙淙，观瀑布汹涌澎湃，享受大自然恩赐，水令人心旷神怡(图 0-1、图 0-2、图 0-3)。

图 0-1　游江西龙虎山(摄影　贺大印)

图 0-2　游云南石林(摄影　贺大印)

图 0-3 观贵州黄果树瀑布(摄影 贺大印)

水还会引起国际暴力冲突，为争水而爆发的战争并不鲜见。以色列是一个水资源十分贫乏的国家，人均年占有量只有 476 米^3，以色列同阿拉伯国家的 5 次大规模战争，几乎都与水资源密切相关。朱和海先生为此撰写了专著《中东，为水而战》(世界知识出版社，2007 年出版)。

人的一生与水如此息息相关，可是人们又是如何对待水的呢？不爱护水资源，任意浪费水的现象随处可见，如任意向水中扔垃圾、任意排放污水等。

世界人口增长、科技进步，以及人类欲望无止境的膨胀，使人类活动成为一种比火山、地震更强大的地质力量，它能强烈破坏人类自身的生存环境。早在多年前，已故苏联领导人赫鲁晓夫曾言，就当时苏联拥有的氢弹就可把地球毁灭多次。在这之后又出现了比核武器强大的普通生物武器和更强大的基因武器，其威力比核武器大千倍万倍，但战争狂人难以得逞，因为被毁灭的也将包括他们自己。但是一些不为全人类重视、表现不很强烈的人类活动正在蚕食地球。例如，人类过快过多消耗包括矿物燃料在内的自然资源；人类活动产生大量的废弃物，如二氧化碳的过量排放引发温室效应，这些都对生态环境造成了严重的破坏。

如果人类仍不觉悟，破坏自然和污染水的人类活动得不到有效的扼制，那么人类世界的未来将是非常危险的。人类社会将可能出现这样的后果：留给子孙后代的将是一个污秽的世界，社会可持续发展将受到严重的挑战。

2 以水育人

2500 多年前，我国伟大的思想家、哲学家老子在其《道德经》第八章中指出："上善若水。水善利万物而不争，处众人之所恶，故几于道。"老子对水意义的谆谆教导，是炎黄子孙待水的崇高准则。

爱水兴世

老子的"水善利万物而不争"，意指水具有服务万物、服务人类、服务社会的德性，居功谦让而不与万物争高低。

百姓要爱护水，节约用水不污染水；环保部门要保护好水；水务管理部门要管理好水，治理好水。只有这样社会才能和谐，爱水能兴世。

在 2200 多年以前，李冰领导修建的四川都江堰水利工程就是治理水的好榜样。工程采取疏导水流的办法，使岷江水畅流至今，从而使川西平原可灌可排无旱涝之患，成为"天府之国"，富甲一方。

新中国成立前，湖北江汉平原因荆江堤溃决而屡遭洪水之灾，百姓生活苦不堪言。为解决这一水患，1952 年，在新中国成立初期财政十分困难的情况下建成了荆江分洪工程。两年后的 1954 年，长江上游川江洪水来量之大为百年罕见，但由于此工程发挥了巨大的分洪作用，荆江堤固若金汤，确保了江汉平原2300多万亩①良田不受水淹和1600多万人民的生命安全，武汉市也安然无恙。

历史上黄河上游因砍伐森林水土流失，下游淤积，造成三年两决口，百年一改道。一次洪水有时波及上千万人口，百姓饥饿死亡上万，背井离乡，给中华儿女造成无穷的灾难。新中国成立初期，党和政府很重视黄河治理，取得很大成绩，变黄河水害为水利，黄河平原成了我国重要的粮仓，百姓安居乐业，社会安定兴旺。

爱水修心

老子教诲人应该像水一样具有种种美德。水不攀高，而甘居在下，行止无心，即是污秽之地也不择地而流。圣人宁曲自己也要成全他人，圣人还以谦让自处，以卑下自安，不好高自大。水性之善与圣人之道相近故曰“处众人之所恶，故几于道”。

老子教诲人应该向水学习，爱水能修德。于是一些文人雅士遵照先圣老子的教诲用许多美丽的辞藻把水的一些特性归为值得人学习的“美德”，而赞美水、歌颂水。

---

① 1 亩=1/15 公顷≈666.7 平方米。

“人往高处走，水向低处流”是激励人努力向上攀登之德。水则相反，谦让不显功，居高不安稳，为求低下居安之处，排除万难积极向低处奔驰，在途中力图排除障碍削平高地，把削下来的物质带到低处填平洼地，让地球陆地表面像水面那样平整。我国从北到南大面积分布的东北平原、华北平原、江淮平原、长江三角洲平原、江汉平原和珠江三角洲平原等都是这样形成的，它们是中国的粮仓。水就是这样孜孜不倦追求平等(水平)的。水流到水平水面(海平面)才静居安。静止的水面是水平的，因此才有“水平”之说。高楼大厦因垂直(水平)建在地面(重力场椭球体的等值面)上才平稳不塌；社会因平等(水平)才兴旺和谐；人人因平等(水平)才和睦相处。水追求平等还表现在不论达官贵人还是黎民百姓都可享用，从不索取回报。

水奔流不息，激励人不断进取。流水不腐，是教育人要守清廉之德。海纳百川，是教育人要有博大胸怀、包容之德。饮水思源、滴水之恩、涌泉相报，是教育人要有回报他人、回报社会感恩之德。“滴水穿石”教育人要以柔克刚，用锲而不舍之精神去追求事业。

水对我们的教育是如此丰厚广博，人不但要以水修德，还应感恩水，以上善之心对待水，爱护水，不浪费水，不污染水。如我们人人都能做到这些，那我们的个人道德修养和环境保护素质就能提高，社会就能和谐安定而可持续发展。“生命诞生于水，也能毁灭于水”，矛盾是对立的两个方面，可相互转换，如同“水能载舟，亦能覆舟”一样，同是一个科学哲理。

爱水能修心。水似明镜，既照人面，也照人心。

第1章 水的神奇特性及生命意义

1 水的组成与水分子结构

水是人们最熟悉的自然物之一，但在相当长的一个时期里，人们却认为水是元素，直到 1766~1783 年，英法科学家通过实验才认识到水是化合物。首先，英国科学家卡文迪许将稀酸与金属作用获得一种能燃烧的气体，他将其称为“易燃空气”；其次，英国科学家普利斯特里用“易燃空气”和空气混合，置入玻璃瓶中后封口，随后用电火花点火，发生爆炸后他在干燥的玻璃瓶内壁上发现了露珠；最后，法国科学家拉瓦锡通过实验进行分析归纳，第一次提出“水不是元素，而是氢和氧的化合物”。

水是由 1 体积氧和 2 体积氢化合而成的化合物，分子式为 H_2O，氧原子与氢原子的重量之比为 8∶1，相对分子质量为 18。

水分子像一个四面体，氧原子在四面体的中心，两个氢原子分别位于四面体底边的两个角点上，它们的结合角为 104.5°(图 1-1)。氢原子和氧原子之间存在着强烈的吸引力，是用十分牢固的化学键相连接的，很难把它们分开，故水长期稳定存在，体现了水的刚性特征。氧原子有 8 个电子，两个氢原子各有 1 个电子，因此水分子共有 10 个电子。10 个电子中一对电子位于氧原子核附近；另两对电子分别位于氧原子与氢原子的连线上，即 O—H 化学键上，而靠近电负性(吸引电子的能力)强的氧原子核，氢原子核因几乎裸露而带正电荷；最后两对电子为孤对电子，分别处在四面体顶边的两个角点上。因此，水分子为带正、负电荷的极性分子。两对孤对电子对水分子间产生的氢键连接起着重要的作用，赋予水特殊而易变的结构，体现了水的柔性特征。

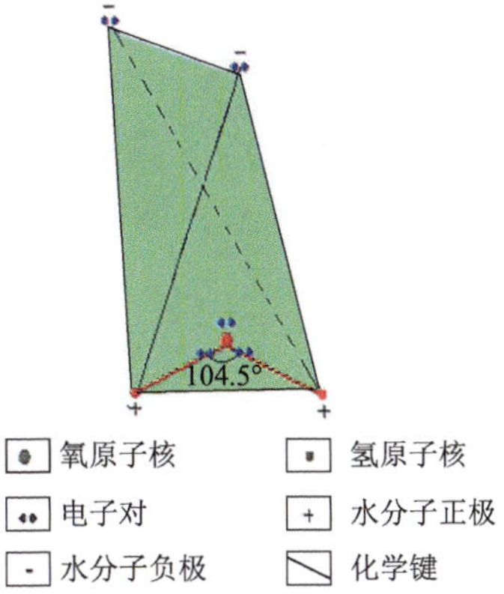

图 1-1　水分子结构示意图（绘制　贺大印）

2　水的氢键连接与水分子团

水分子中氢原子除与电负性大的氧原子以化学键（O—H）相结合外，这个半径很小、带部分正电荷的氢原子还可与另一个带部分负电荷的氧原子结合形成一个聚集体 O—H⋯O，这种化学结合作用称为氢键。此外，电负性大的氟、氮与氢分子也能分别形成聚集体 F—H⋯F 和 N—H⋯N，它们之间也是靠氢键连接的。

每个水分子有四个氢键，它能与相邻的四个水分子相连接，如此连接缔合扩大，形成水分子团（图 1-2）。因此，自然界中的水分子易缔合结伴，通常不是以单个水分子，即 H_2O 形式出现，而是以多个水分子缔合成的水分子团 $(H_2O)_n$ 形式存在的（图 1-2）。常讲的水分子式 H_2O 实际上是对水分子团 $(H_2O)_n$

的简化。

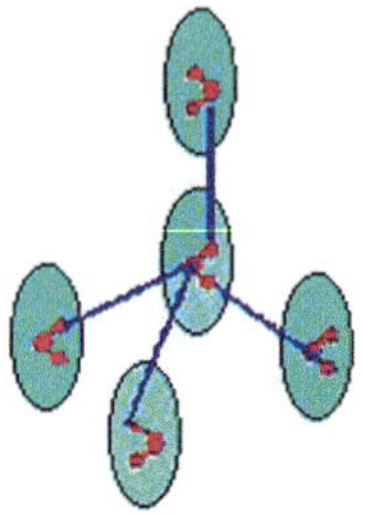

图 1-2 水分子氢键连接示意图(绘制 贺大印)

水分子缔合是一种物理过程，它不改变水的化学性质，与缔合相反的过程称为离解。缔合是放热过程，离解是吸热过程，所以温度升高，水的缔合程度降低，n 减小；温度降低，水的缔合程度增加，n 增大。

水分子活泼好动、活性强，因此水分子团是一种动态集合体，瞬时发生变化，其相对稳定存在时间只有 10^{-12} 秒左右，即不断有水分子加入水分子团，与此同时，又不断有水分子离开水分子团。水分子团$(H_2O)_n$中 n 的多少只是一个平均数。随着水温的升高，水分子缔合程度不断降低，单水分子不断增多。据红外吸收谱带的实验数据估算，平均水分子数 n 在 20℃时为 90，0℃时为 130，72℃时为 60。当温度高于 100℃呈气态时，水主要由单水分子组成。水温等于 0℃或小于 0℃时众多水分子呈六边形排列，结晶冻结成巨大的水分子团。水分子团中水分子的排列形式多样，有条形、环形、六角形、多边形等。研究发现，细胞膜脂双层内的功能水，是边长为

11 个水分子的立方体结构，即由 1331 个水分子组成的大水分子团。

水分子团的大小，除主要与水的温度有关外，声、电、磁、光等物理作用也都容易影响水分子团大小的变化，且变化时消耗能量极小。磁化水就是用磁性物的磁场破坏氢键连接，把大分子团水切割制成小分子团水。

水分子之间的氢键连接具有十分重要的生命意义。

3　水的特性及生命意义

水分子结构与水分子间的氢键连接使水与其同族、同周期相应元素的氢化物相比，具有十分独特的性质。水正是以其特殊的性质使世界生机盎然。

水性刚柔

水是打不烂、拆不散，刚中有柔、柔于无形的天然物质。成语“滴水穿石”和“柔情似水”正是对水性刚柔的最好写照。

水刚柔同体的特征与水分子特有的化学结构有关。水分子中氢和氧是由键能很强化学键相连接的，很难把它们分开，体现了水的“刚性”特征，因此水的热稳定性很好，即使在 2000K（约 1727℃）的高温下，也只有 0.588％的水分子离解。这使水能在自然界中普遍稳定存在，同地球、生命永存。

自然界中的水是由多个水分子用氢键缔合成的水分子团。氢键的键能比化学键弱许多，能弯曲，故给予水韧性特征，水性柔和，随大流而无固定形态。氢键连接使水活性强，能在地球上以气态、液态和固态形式存在，并参与水循环，赋予水强大的活力，创造了生命的物质基础和生存环境。

水密度变化“异常”

水密度变化“异常”，在一个标准大气压力下（以下同），水在4℃（严格讲是3.98℃）时密度最大，为1克/厘米^3，随水温升高或降低而密度变小。

在 4℃以上时水密度变小，除受热胀冷缩的影响外，水分子的缔合作用也影响水密度的变化。温度升高水分子的缔合作用减弱，接近沸点的水，单个水分子增多，水密度变小。温度降低，排列十分紧密的双分子水[$(H_2O)_2$]和三分子水[$(H_2O)_3$]增多，到4℃时双分子水最多，所以水的密度最大。

水在 4℃时密度最大这一异常现象在 300 多年前就已经被发现了，虽然多年来科学家一直在对这个现象进行研究，但至今仍未能做出令人满意的科学解释。

最近，日本物质材料研究所研究员三岛修和铃木芳治通过实验研究发现，在 4℃以下时，水就会分离出两种状态水，即低密度水和高密度水，低密度水是一种“液态冰”。故水在 0~4℃时冰水共存，而具有冰的特性，随水温降低低密度水增多，所以水膨胀。0℃时液态水的密度降为0.9998 克/厘米^3，水 0℃结冰时众多水分子冻结成呈六边形排列的巨大晶体，晶体结构疏松，中心空，所以冰的密度比0℃时的液态水小，为0.9167克/厘米^3，此时冰体积突然膨胀约9%，故冰能够漂浮在水面上。4℃以上的水和0℃以下的冰，都适用热胀冷缩原理，但0~4℃则为过渡期。

目前的冷冻设备是根据水在 0~4℃时冰水共存这一特性

进行设计的，这样既可以使食物中的水有冰的低温保鲜性，同时又不会凝固成硬质的冰。

水密度随温度变化的特殊规律，给水体生命带来了无限生机。寒冷的冬天，水体表层冻结形成冰体而漂浮在水面上，冰的传热能力低，故水体不会一冻到底，为水中生物留有生存空间。另外，由于近冰层的液态水密度大，在重力作用下水向下层运动，下层密度较小的水向上运动，形成水体内的水循环。表层水含氧气向下运动，为下层水中生物输送氧。这就是寒冷冬天湖面冻结，水中仍有鱼虾生存的原因。水的冻结温度随压力的增大而降低，大约每升高 130 个大气压，水的冻结温度降低 1℃，因此大洋深处的水不会冻结。

水异常高的熔点与沸点

物质的熔点与沸点随相对分子质量增大而升高是一种自然规律。例如，水的同族氢化合物中分子量为 34 的硫化氢（H_2S）、分子量为 81 的硒化氢（H_2Se）和分子量为 129.6 的碲化氢（H_2Te）都服从这一规律，它们在地面气候条件下都为气体，但分子量为 18 的水（H_2O）却是个例外。

按水的相对分子质量推算，水的熔点、沸点分别是–110℃和–85℃，但实际上水的熔点为 0℃和沸点为 100℃，比推算值分别高出 110℃和 185℃，水的这种异常似乎违背了自然规律。

应该说水的这一“异常”性质并没有违反上述自然规律，因为自然界中水是以水分子团形式存在的，水分子团的相对分子质量比同族氢化物的相对分子质量都大。要把水从固态变为液态和由液态变为气态，都必须吸收更多热量，以破坏水分子团结构中的氢键连接，所以水的熔点、沸点比它的同族氢化物都高。

水异常高的熔点与沸点使其在地球表面的气温条件下，绝大部分能以液态形式大面积分布，便于生命吸收生长。这一特性同时也使水能以固态、液态和气态形式存在并进行水循环，为生命世界提供了无限的水源。

水的热容量高

把单位质量的物质温度升高 1℃所吸收的热量，叫物质的比热容。水的比热容大，热容量高，约是铁的 10 倍，砂的 5 倍，空气的 4 倍，因为水的温度升高，分子热运动能量增加，需要吸收一定热量，此外，水分子团的离解将消耗相当多的热量，从而也使水的比热容比一般物质的大。因此，水能吸收或放出相当多的热量，储热性质好。

大气中的水汽能阻挡地球热辐射量的 60%，保护地球不至于变得寒冷。地球表面 71%的面积是海洋，陆地上有许多江河、湖泊、湿地及水库，这些水体在夏季能吸收和积累热量，使气温不致过高；在冬季则能缓慢地释放热量，使气温不致过低。因此，水使自然环境的温度比较稳定，气温变化比较平缓，形成有利于人类和其他生命体生存的气候环境。

人体中水的含量达到 70%，地球表面海洋面积占 71%，此两数字的相吻合，是巧合还是存在内在的联系？

人体中的水同样能使体温比较稳定，保持一个正常的体内温度环境，有利于体内新陈代谢和各种器官正常运转。当环境气温过高或人体内部所产生的热量增加时，可通过皮肤汗腺蒸发散热维持体温正常，否则体温会很快升高，当体温超过40℃时就容易危害人的健康甚至威胁到人的生命安全。

水的溶解性好

水的溶解性好与其高介电效应和水合作用有关。在水中盐类离子晶体发生离解时，水分子围绕离子形成一层抵消外部静电引力的水分子膜，即生成水合离子，它阻止正负离子的再次键合。水分子膜起着类似绝缘介质的作用，这种绝缘效应称为水的介电效应。例如，将食盐(NaCl)置入水中时，食盐晶格中正离子(Na^+)和负离子(Cl^-)都会分别受到水分子负极、正极的吸引，当水分子的吸引力大于食盐内部离子间吸引力时，食盐中钠离子和氯离子在水分子的簇拥下分别形成水合离子而溶于水中(图1-3)。由于水的高介电效应，使盐类物质在水中的溶解度很大。

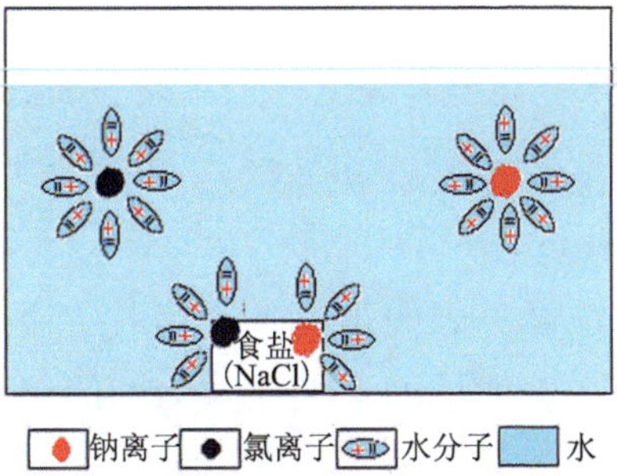

图1-3　水溶解食盐示意图

水中或多或少地含有溶解氧和二氧化碳，能增大水的溶解力。例如，含二氧化碳的水能把禁锢在十分坚硬的花岗岩中的矿物元素溶滤(淋滤)出来，变为钾离子、钠离子、重碳酸根离子和微量元素进入水中。

水中的溶质多呈离子状态，便于生命体吸收，为包括人类在内的生命世界提供了许多必不可缺少的矿物营养物质和微量元素，并使人类体内的电解质保持平衡。

我国广西、云南、贵州广泛分布的喀斯特地貌是在漫长的地质时期，具有溶蚀力的水对可溶性岩石(大多为石灰岩)溶蚀和沉积再造的结果。因此，水是雕塑大自然的能工巧匠，雕塑出一幅幅风景秀丽如画的喀斯特风景，供游人休闲欣赏。

水的凝聚性好、表面张力强

水的凝聚性好，雨水凝聚成水滴降到地面。水表面好像蒙盖着一层拉得很紧的弹性膜，因为其表面存在着一种指向水内部使表面收缩的力，这种力称为水的表面张力。

在水的表面张力的作用下，毛细管中的水面呈凹面，承受负压，在大气压力作用下，水能从水面沿着毛细管上升到一定高度停下来，此上升高度称为水的毛细上升高度。毛细孔隙越小，水的毛细上升高度越大，黏土毛细孔隙微小，水的毛细上升高度达 2~4 米。

水的凝聚性好、表面张力强，这对生命具有重要的意义。土壤中存在着大量的毛细孔隙为水的储存和流动提供了空间。在水的表面张力作用下，地下水沿着毛细孔隙上升，便于植物根须吸收，水再沿植物躯干中的毛细孔隙上升至叶面蒸发，不但为植物生长输送必需的水分、肥料和矿物营养物质，能使植物保持稳定的温度并不致被太阳灼伤甚至因此而死亡，同时还能改善环境气候。人体中遍布的毛细孔隙是血液微循环通道，为机体输送各种必需的营养素和排除废物。

水的“记忆性”

水分子是一个极性分子，因此它具有弱磁性，在磁场中水可以被磁化。水的记忆性主要在于水中含有的微量磁性金属元素，如铬、铁、锰、镍、锌等，它们能被磁体磁化，而且有很强的剩磁性（离开磁体后仍保有磁性）。水中溶解的氧气也可被磁化，是弱磁性体，但离开磁体后磁性即消失。因此，含有微量金属离子的天然水是信息载体，有很强的磁记忆力，能识别、记忆、储存外界给予的信息。六环水的中心空间大，溶有氧气和金属离子，它的记忆性好，且结构稳定，保留记忆的时间较长。

物质由原子组成，原子中的电子围绕原子核旋转，产生弱电磁场，因而具有一定的振动频率。水在人体各脏器中运行时，能记忆各脏器组织固有的振动频率。因此，量子医学用含水分的毛发、尿液、血液测定全身脏器的磁场信息（振动频率）以诊断疾病。

关于水的“记忆性”目前科学家只从物理学磁性记忆原理和量子力学的波动原理做出了一些解释，但还不能让人满意。这是理所当然的，因为科学家目前对于人记忆的运作机制的了解还不够。2007 年 7 月 1 日，在纪念美国《科学》杂志创刊 125 周年之际，科学家们总结出了 125 个迄今我们还不能很好回答的问题，其中人的记忆是如何存储和恢复的是人类当今 125 个未解之谜之一。

4 水的“衰老”与“返老还童”

生命在于运动，经常参加体育运动可延年益寿。水似乎有“生命”，那么水也有“衰老”之说。流动水活性强，所谓“流水不腐，户枢不蠹”就是这个道理。风平浪静、死水一潭就是对水“衰老”的最好描述。

氢键使水分子发生缔合，因而减弱水分子的极性。长期静置的水缔合程度大，易连接成链状的大水分子团，并不断地扩大与延伸，从而使水的“活性”严重丧失而成为“死水”。大水分子团，体大笨拙，老态龙钟。“衰老”的水活力极差，难以进入细胞，使身体新陈代谢减弱，影响身体健康。

“衰老”的水在强有力的冲击作用下，笨拙的大水分子团的链状结构会被冲击得支离破碎，分裂成活泼轻盈的小水分子团，“衰老”的水便“返老还童”。可用声、电、磁、光等物理方法改变水的结构，把大水分子团切割成小水分子团，使水“返老还童”。瀑布、激流、波浪也能冲击破碎大水分子团，使水变“年轻”。

5 水的许多未解之谜

人离不开水，水似乎是一种人们再熟悉不过的天然之物，但人对水的认识仍是很肤浅的，水还有许多未解之谜等待去研究发现，去揭开它神秘的面纱。

目前，关于水的“记忆性”科学家只从物理学磁性记忆原理和量子力学的波动原理做出了一些解释，还不能让人满意，有待科学家去进一步破译。

智慧与思维存在于人脑中，人脑的90%是水。因此，有的科学家认为思维和记忆可能与水的微结构有关。

水还有很多功能尚待科学家去开拓，对水的生理功能与水的微观结构的关系必须进行深入的研究。

第2章　地球上的水及化学成分

1 地球上的水

地球是一个水球

地球是一个椭圆形的球体，赤道半径为6377.8千米，极半径为6356.9千米，地球表面积约5.1亿千米^2，其中约3.6亿千米^{2}被海洋所覆盖，约占地球表面积的71%。因此，从遨游太空的宇宙飞船上遥望地球，地球就是一个蔚蓝色的水球，甚为壮观美丽(图2-1)。

图2-1　从宇宙飞船上遥望地球

关于水的来源和形成有多种解释，其中一种解释认为，地球表层的水主要来自地球内部，通过火山喷发等方式逐渐增加聚集而成。目前，每年从地球内部获得的水量与每年通过大气逸出太空的水量相等。因此，地球表层的水量保持稳定不变。

据计算，地球上共有水约 13.86 亿千米^3。地球上的水绝大多数为海水，达 13.38 亿千米^3，占地球总水量的 96.537%，其次是分布在地球南北两极和高寒地区的冰川和永久积雪 0.240 64 亿千米^3，再次是 0.234 亿千米^{3}的地下水。以上三大水体之和为13.854 64亿千米^3，占地球总水量的99.96%以上。在余下不足 0.04%的 0.00536 亿千米^3，也就是 536 万亿米^{3}的水中，约有 300 万亿米^{3}被束缚在高寒地区的冻土层中，其余湖泊水为 176.4 万亿米^3，土壤水为 16.5 万亿米^3，大气水为 12.9 万亿米^3，沼泽水为 11.47 万米^3，江河水为 2.12 万亿米^3，生物水为 1.12 万亿米^3，等等(高前兆，2002)。

地球上咸水多，淡水少

地球上的咸水多，淡水少。根据水中含盐量(矿化度)，可笼统把水分为淡水和咸水。矿化度大于或等于 1 克/升的水是咸水，矿化度小于 1 克/升的水是淡水。

地球上的海水达 13.38 亿千米^3，占总水量的 96.537%，其含盐量平均为 34.7‰。0.234 亿千米^{3}的地下水中 55%是咸水，为 0.1287 亿千米^3，有些地下水的矿化度在 50 克/千克以上，形成卤水，如四川南部自贡和泸州地区有些地下水的矿化度可达每千克数百克，为川南化工基地提供原料。在

0.001 76 亿千米^{3}的湖泊水中，咸水为 0.000 85 亿千米^3，约占湖泊水总量的 48%。地球上咸水总量达 13.509 6 亿千米^3，占地球总水量的 97.47%。淡水只有 0.350 4 亿千米^3，只占地球总水量的 2.53%。

地球上的淡水中可用的水资源少

地球上各水体处于统一的循环之中。为保证水循环正常进行，参加循环的水体必须保持均衡，即水体的储存量稳定，否则水循环链将受到损伤甚至断裂，而引发生态灾害。

地球上淡水储存总量很多，达 35 040 万亿米^3，人类主要汲取积极参与水循环的江河水、淡水湖水和地下数百米至千米以内的浅层地下水三大淡水体使用。三大淡水体的静态储存总量为 1046 万亿米^3(占地球总水量的 0.7%，或淡水总量的 3%)。

据计算，真正能供全球人类使用的就是这 1046 万亿米^{3}水，参与全球水循环所产生的多年平均水量为 46.8 万亿米^3，它构成全球的水资源，为便于理解，可把此 1046 万亿米^{3}水比为存在银行的本金，46.8 万亿米^{3}水是利息。因此，水资源是可再生的水的流通量，如果合理开发利用是可保证社会可持续发展的。我国江河湖水以及浅层地下水参与的水循环多年平均所产生的水量为 2.72 万亿米^3，它构成我国的水资源(高前兆，2002)。水资源不合理开发利用的实例有许多，只举一小例说明：由于过度取用塔里木河水，补给罗布泊的水源因此减少，致使罗布泊干涸，使往日绿荫环绕、牛羊成群的生命绿洲如今变为寸草不生的荒漠。

在水循环中江河水最积极，平均循环周期为16天，据全球江河水储存总量2.12万亿米^{3}计算，江河水参与全球的水循环所获得的多年平均水量为48.4万亿米^3，接近用降水和蒸发数据计算的结果46.8万亿米^3。在水循环中地下水最缓慢，地下水循环链最易受到损害，故地下水位大幅下降，因为在开采地下水时，开采的不全是在地下水循环时所产生的水资源而是动用了它的储存量。湖水实际上主要是通过江河参与水循环的。

还必须指出全球实际能用的水资源比上述的水量46.8万亿米^{3}还要少，国际上公认的江河水流量合理开发利用率为30%，合理开发利用率的上限为40%。

在这个多水的地球上实际可用淡水很少很少，因此水资源十分宝贵，更需要人类爱护珍惜。

地球上的可用淡水中无污染的少

人类活动的负面作用越演越烈，它破坏人类的生存环境，污染与人类生存息息相关的江河湖泊和浅层地下水。

据《2014年中国水资源公报》显示，2014年我国河水水质状况总体为中，除人烟稀少、经济欠发达地区河流源头水未受污染外，几乎所有的河流都受到不同程度的污染。

2 天然水的化学成分

天然水是溶液

自然界无纯净之物，何况水溶解性好，更无纯净的水。

苏联地球化学家阿·费尔斯曼说：“不含任何杂质的水，或者说，没有任何别的物质或盐类溶解在里面的水，在自然界可以说是没有的。”有人说：“水就是 H_2O，就这么简单。”这是不科学的。水的溶解性好，自然界中的水是天然溶液。为此，苏联地球化学家维·伊·维尔纳德斯基形象地把一滴水比作一个微型宇宙。此意指的是：一滴水中几乎包含了宇宙中一切的元素，组成地壳岩石的化学元素，目前在天然水中几乎都已发现。

天然水中的化学成分(矿物质)主要来自水对岩石矿物的溶滤溶解。当前不受人类活动影响的天然水十分罕见，即使在远离人类活动干扰、人烟罕至的南极洲的冰芯中科学家也发现了铅污染，污染来自澳大利亚南部的铅矿开采。美国山谷牌矿泉水，是3500年前形成的，是真正纯天然的，因那时大气环境、土壤环境和水环境未受污染，美国历届总统都喜欢喝，因此被誉为“美国总统饮料”，美国总统出访时随专机同行。

因此，当前天然水不是天然溶液，正确的说是天然-人工溶液。水部分组成还来自人类生活和工农业生产排出的污染物。

天然水的化学成分十分复杂，含有气体组分、主要离子组分、微量元素组分、有机质和微生物等，且水的化学成分可因时因地发生变化。

天然水的气体组分

天然水溶有积极参与水化学成分形成作用的氧气(O_2)、

硫化氢(H_2S)、二氧化碳(CO_2)、甲烷(CH_4)等。

◆氧气

氧气在天然水中的含量一般为 0~14 毫克/升。溶于水中的氧气，称为溶解氧(DO)。

水中氧主要来源于大气中氧的溶解，其含量服从亨利定律。在一个大气压下，空气中氧含量为21%时，20℃时氧在水中的溶解度为9.17 毫克/升。在一般情况下，清洁地表水中溶解氧接近饱和状态，当水中有藻类时，由于植物光合作用产生的大量的氧，水中溶解氧呈现过饱和状态。植物光合作用通常表示为

$$CO_2 + H_2O \xrightarrow[\text{绿色细胞}]{\text{光}} (CH_2O) + O_2$$

地下水含氧很少，有的甚至为零，因地表水渗入时氧与土壤中有机物起氧化作用而减少甚至消失，但在循环较快的地下水中含较多的氧而形成氧化带。

天然水中氧的存在表明水处于氧化环境。水中氧促进水对岩石矿物的溶解，促进有机物氧化分解，还能使低价化合物氧化成高价化合物，如毒性强的三价砷能氧化为毒性弱的五价砷。氧还是水中鱼虾等生物生存的必要条件。

◆硫化氢

地表水和浅层地下水一般处于氧化环境，不含硫化氢。在地下深处缺氧的还原环境中，硫化氢是脱硫细菌还原硫酸盐的产物，其化学反应式为

$$SO_4^{2-}+CH_4+CO_2 \longrightarrow H_2S+2HCO_3^-$$

水中硫化氢还可能来自火山喷发物。在局部地区，如污染严重的湖塘水或浅层地下水，以及河水流动不畅的地方，由于缺氧局部形成还原环境，水中含硫蛋白腐烂分解也能生成硫化氢，水发黑并有臭鸡蛋味。

据《天然矿泉水资源地质勘查评价规范》(GB/T13727—200X)，含硫化氢的地下水，当其总硫含量在 2 毫克/升以上时，称为硫化氢水，它具有医疗价值，用它沐浴可治疗皮肤病。

有的水含硫化氢，水处的环境为还原环境。在还原环境中高价化合物能还原成低价化合物，如非致癌的硝酸盐还原为亚硝酸盐，亚硝酸盐在一定条件下能生成致癌的亚硝胺。这是在一些地方癌症发病概率高的原因之一。

◆二氧化碳

溶于水中的二氧化碳称游离二氧化碳。许多天然水中存在重碳酸根离子(HCO_3^-)，因此一般水中都含有二氧化碳，因为重碳酸根离子需要二氧化碳来平衡(相伴)，否则重碳酸根离子便与阳离子结合生成碳酸盐从水中析出。

地表水二氧化碳含量不多，每升不多于十数毫克，它主要来源于水体和底积物中有机质氧化分解产生的二氧化碳和水生动物呼出的二氧化碳；二氧化碳大气来源很少，因它在大气中的分压很低。在气候湿润地区，土壤中有机质氧化分解强烈，分解出二氧化碳，再进入地表水中。

地下水中二氧化碳比地表水多，含量范围变化很大，从数毫克每升至百余毫克每升，有些碳酸矿泉水甚至达到1000毫克/升以上，据斯·什瓦尔采夫，地下水(指地球表层积极参加循环的地下水，以下同)的平均含量为25.9毫克/升。地下水中二氧化碳主要来源于土壤中和地下微生物分解生成的二氧化碳。在气候湿润地区，土壤生物分解作用强烈，因此地下水含有较多的二氧化碳，而具碳酸腐蚀性。深部岩石特别是碳酸盐类岩石遇热分解能产生大量二氧化碳，其分解式为

$$CaCO_3 \xrightarrow{400℃} CaO + CO_2$$

是深层地下水二氧化碳的主要来源。

地下水中二氧化碳有利于水的矿化，增强水对岩石矿物的溶蚀溶解能力，在石灰岩地区能形成风景秀丽的喀斯特风景。据《天然矿泉水资源地质勘查评价规范》(GB/T13727—200X)，二氧化碳含量在500毫克/升以上的地下水为碳酸水。碳酸矿泉水是清凉可口的天然碳酸饮料，还可用于沐浴，有保护心脏、缓解疲劳、增进健康的功效。含游离二氧化碳较多的水，当其含量大于平衡水中重碳酸根离子所需时，则此水具有碳酸腐蚀性，能腐蚀混凝土，不利于工程建设。

天然水的主要离子组分

天然水中主要(大量或宏量)离子组分指的是水中含量多的离子，它们之和占水中溶解组分总量的90%以上，甚至达

到99%，水的许多物理性质和化学性质都与它们有关。

天然水中主要离子组分的种类和含量，主要取决于元素在地壳岩石中的含量、元素构成矿物的溶解性和元素在水中的迁移性。元素在水中的迁移性是元素随水流动时，途中不因被生物吸收或与其他物质生成次生难溶矿物从水中消失而稳定存在的性质。氧、碳、氢、钙、钠、钾、镁、硫、氯等元素是组成地壳岩石主要的元素，因其矿物的溶解性和在水中的迁移性好，因此它们是水主要化学组分的来源。

天然水中主要的阴离子有重碳酸根离子（HCO_3^-）、硫酸根离子（SO_4^{2-}）和氯离子（Cl^-）；主要的阳离子有钙离子（Ca^{2+}）、镁离子（Mg^{2+}）、钠离子（Na^+）和钾离子（K^+）。这些离子在常见的天然水中的含量用“毫克/升”（mg/L）表示，或用“ppm”（$1ppm=10^{-6}$）表示；在水化学研究时，还用“毫摩尔/升”（mmol/L）表示；当水的矿化程度较高时，用“克/千克”（g/kg）表示。

主要离子组分在水中都会出现，但百分比含量差异很大，这主要与气候环境、水动力条件和岩石矿物组分及元素的迁移性质有关。

◆重碳酸根离子（HCO_3^-）、钙离子（Ca^{2+}）和镁离子（Mg^{2+}）

重碳酸根离子、钙离子和镁离子主要来源于水对矿物方解石（$CaCO_3$）和白云石（$MgCO_3$）的碳酸溶蚀和含镁基性矿物的风化溶解。水碳酸溶蚀方解石（$CaCO_3$）和白云石（$MgCO_3$）的化学式分别为

$$CaCO_3 + CO_2 + H_2O \longrightarrow Ca^{2+} + 2HCO_3^-$$

$$MgCO_3 + CO_2 + H_2O \longrightarrow Mg^{2+} + 2HCO_3^-$$

重碳酸根离子和钙离子还来源于花岗岩中长石矿物的风化溶解。这些矿物是难溶于水的矿物，但能溶于含碳酸溶蚀性二氧化碳的水中。

常见的一般天然水多呈中性或弱碱性，水中重碳酸根离子占大多数，在 pH>8 的碱性水中出现碳酸根离子（CO_3^{2-}），并在强碱性水中占大多数。

水中重碳酸根离子的存在必须有二氧化碳来平衡（相伴），一般水中二氧化碳含量不高，所以重碳酸根离子含量不多，常在数十毫克或100~200毫克/升，地下水中平均含量132毫克/升。

虽然钙元素在地壳岩石中的含量相当多，达3.6%，但由于一般水中二氧化碳含量不高，矿物方解石的溶解量很低，因此水中钙离子的含量一般不高，多在每升数十毫克，据斯·什瓦尔采夫研究确定，地下水中钙离子的平均含量为26.1毫克/升。钙离子还来源于石膏（含水硫酸钙）的溶解和钙长石矿物的风化溶解。

镁元素在地壳岩石中的含量比钙元素低，为2.1%，虽然它的化学性质与钙相似，但镁离子在水中的迁移性比钙离子弱，易为植物吸收形成叶绿素，还能形成不溶于水的次生矿物，因此，水中镁离子比钙离子少，据斯·什瓦尔采夫，地下水中镁离子的平均含量为8.37毫克/升。

在气候温湿地区的岩石中易溶氯化物和硫酸盐早已溶解

流失，留下难溶的碳酸盐和硅酸盐矿物，因此重碳酸根离子和钙离子是这些地方天然水中最主要的离子成分，镁离子在钙离子后，居次位。

◆氯离子(Cl^-)、钠离子(Na^+)和钾离子(K^+)

氯离子、钠离子和钾离子主要来源于岩石中矿物岩盐(NaCl)和钾盐(KCl)的溶解。岩盐溶解式为

$$NaCl \longrightarrow Na^+ + Cl^-$$

氯元素在地壳岩石中的含量不多，只为0.017%，钠元素为2.5%，但钠的氯化物易溶于水，故能成为水中主要离子组分。据斯·什瓦尔采夫研究确定，地下水中氯离子的平均含量为8.3毫克/升，钠离子为 13.9 毫克/升。在气候湿润的地区，氯离子和钠离子含量不多，多在 10 毫克/升以内；在干旱地区水中以氯离子和钠离子为主，由每升数百毫克至每千克数克不等，甚至达到 100 克/千克以上。

钠离子和钾离子还来源于花岗岩中矿物钠长石和钾长石的风化溶解，如钠长石($NaAlSi_3O_8$)，其风化溶解过程为

$$\underset{\text{钠长石}}{2NaAlSi_3O_8}+2H_2O+CO_2 \longrightarrow \underset{\text{高岭石}}{H_2Al_2Si_3O_8 \cdot H_2O}+Na_2CO_3+4SiO_2$$

$$Na_2CO_3 + H_2O \longrightarrow 2Na^+ + HCO_3^- + OH^-$$

风化溶解后生成溶于水的钠离子、重碳酸根离子和氢氧根离子，水偏碱性，而且还生成不溶于水的次生矿物高岭石。因此，在花岗岩分布地区水中以重碳酸根离子和钠离子为主。

岩石中钾元素的含量为2.5%，与钠元素相同，它们的化学性质也相似，但在水中钾离子的含量却不多，一般为钠离子的4%~10%，很少超过10毫克/升（王大纯等，1986），地下水中钾离子的平均含量也只有1.94毫克/升。这是因为钾离子迁移性不好，它是植物的营养素，易为植物吸收，且易于形成难溶于水的次生矿物。

◆硫酸根离子（SO_4^{2-}）

硫酸根离子主要来源于矿物石膏（$CaSO_4 \cdot 2H_2O$）和硬石膏（$CaSO_4$）的溶解和硫化物的氧化分解，如黄铁矿氧化分解式为

$$\underset{\text{黄铁矿}}{2FeS_2} + 7O_2 + 2H_2O \rightarrow 2FeSO_4 + 4H^+ + 2SO_4^{2-}$$

石膏的溶解度很低，水温20℃时溶解度为2.063克/升，而且在气候温湿地区岩石中硫酸盐早已溶解流失，水中硫酸根离子一般不多，多为每升数毫克，有的可达每升数十毫克。在从湿润带向干旱带的过渡地区，硫酸根离子含量可达100~200毫克/升，与重碳酸根离子和氯离子共同构成水的主要离子组分，如黄河水主要阴离子为重碳酸根离子和硫酸根离子。

天然水的微量元素组分

微量元素指的是水中含量很少的元素，常用“微克/升”（μg/L）或“ppb”（$1ppb=10^{-9}$）表示。

天然水中，特别是地下水中已知微量元素达数十种，含量在每升数百微克的有铁(Fe)、氟(F)、铝(Al)、锶(Sr)和溴(Br)；每升数十微克的有磷(P)、锰(Mn)、硼(B)、锌(Zn)和钡(Ba)；每升数微克的有锂(Li)、钛(Ti)、碘(I)、铜(Cu)、铀(U)、镍(Ni)、铬(Cr)、铅(Pb)、铷(Rb)、砷(As)、钼(Mo)、锑(Sb)、锆(Zr)和钒(V)；小于1微克/升的有汞(Hg)、硒(Se)、钴(Co)、锡(Sn)、镓(Ga)、镉(Cd)、银(Ag)、铍(Be)、金(Au)、钍(Th)和镭(Ra)等。

许多微量元素不能形成独立的矿物晶体，常取代与其性质相似的元素进入矿物的晶格中，矿物风化溶蚀后微量元素随这些元素转入天然水中。

水中微量元素含量虽然很少，但对人体健康的作用不可忽视，世界卫生组织(WHO)公布了14种微量元素是人体必需的，它们是铁、锌、铜、铬、锰、钴、氟、碘、硒、钒、镍、钼、锶和锡。

一些地方的水中某些微量元素缺乏或含量过多过少都能危害人的健康，使人患地方病。地方病多发生在农村，特别是边远地区，居民就地取水饮用，食物也是当地出产的，矿物质如微量元素的补充严格受到当地包括地质环境在内的自然环境的限制，因此可能发生有的微量元素摄入过多而引发微量元素中毒，有的摄入过少而引起微量元素缺乏症。

天然水的有机组分

天然水中的有机物指的是除碳酸盐(CO_3^{2-}、HCO_3^-)和二氧化碳(CO_2)以外的各种碳水化合物的总称，地表水有机物的含量从 1 毫克碳/升（mgC/L）到 10 毫克碳/升不等，海水为 0.34 毫克碳/升，地下水的平均含量为 6.23 毫克碳/升。

天然水中有机物主要来自由土壤中的动、植物和微生物等生物残体腐烂分解和动物粪便分解产生的有机质。土壤中有机质可再分为非腐殖质与腐殖质两大类。

非腐殖质主要为蛋白质、碳水化合物和类脂化合物等，它们再分解成的中间产物存在于水中，这些中间产物是氨基酸、铵（NH_4^+）、甲烷（CH_4）、尿素、酸类、糖类、醇、酮和卟啉等。

腐殖质指的是水体中所存在的含碳化合物，腐殖质又可分为腐殖酸、富里酸和腐黑物三类，它们是天然水体中有机物整体的重要组成部分，占有机物总量的 60%~90%。

水中有机物大多数都可为细菌利用和分解，最终将有机物转变为水、二氧化碳、硝酸盐（NO_3^-）等无机物。水中有机物本身虽无毒性，但它能间接危害人体健康。

天然水化学成分的综合指标和分类

表征天然水主要化学性质的综合指标有：溶解性总固体（矿化度）、含盐量、pH（酸碱度）、硬度和水化学类型。

◆溶解性总固体

溶解性总固体（TDS）是溶于水中的各种离子、分子和化合物（不包括溶解的气体）的总量，对淡水通常用每升水中所含溶解物质的毫克数表示，单位为“毫克/升”，对含溶解物质多的水用每千克水中所含溶解物质的克数表示，单位为“克/千克”。溶解性总固体在地质学称矿化度（M），表示水的矿化程度。

溶解性总固体可在实验室测得，将一定量的过滤水样，加热至 105℃蒸干后所得的干涸残余物的重量即为溶解性总固体。溶解性总固体也可用计算法求得，将水分析得到的主要离子——重碳酸根离子、硫酸根离子、氯离子、钙离子、镁离子、钠离子和钾离子的含量相加，再减去 0.5 重碳酸根离子(水蒸干时有近 0.5 的重碳酸根离子变成二氧化碳蒸发逸出)便可求得溶解性总固体(矿化程度)的近似值。

中华人民共和国卫生部与国家标准化管理委员会发布的《生活饮用水卫生标准》(GB5749—2006)规定溶解性总固体的限量为 1000 毫克/升。

人每天必须通过饮水获得一定的矿物质，水矿化度为 150~300 毫克/升时较为适中。

◆含盐量

含盐量为水中溶解盐分的总量,单位为“毫克/升”或“克 / 千克”。含盐量是计算值，常见淡水可用 7 种主要离子的总重量近似表示，而海水的含盐量除上述 7 种主要离子外，还包括碳酸根离子(CO_3^{2-})、锶(Sr)、氟(F)和硼酸(H_4BO_4)等的含量。含盐量与溶解性总固体的差别在于含盐量无需减去 0.5 重碳酸根离子。

◆pH

天然水是水溶液，水中存在酸性氢离子(H^+)和碱性氢氧根离子(OH^-)。氢离子和氢氧根离子相互依存、相互制约，它们的浓度乘积是一定的，等于 10^{-14}。习惯上常用氢离子浓度表示水的酸碱性。水中氢离子浓度很小，如直接用氢离子浓度表示水的酸碱性不方便，因此常用 pH 表示。所谓 pH 就是氢离子浓度以 10 为底的负对数值，即

$$pH=-\lg[c(H^+)]$$

当 pH<7 时，氢离子浓度大于氢氧根离子浓度，水呈酸性；pH=7 时，氢离子浓度等于氢氧根离子浓度，水呈中性；pH>7 时，氢离子浓度小于氢氧根离子浓度，水呈碱性。

一般水的酸碱性主要取决于弱酸性物碳酸（H_2CO_3）的离解程度，常见水的 pH=6~9。pH=6~7 时，水呈弱酸性或中性，碳酸离解程度由低变高，水中以碳酸和重碳酸根离子为主，碳酸根离子含量很少；pH=7~9 时，水为中性或弱碱性水，碳酸离解程度继续走高，仍以重碳酸根离子为主，水中碳酸减少，碳酸根离子含量增加。

《生活饮用水卫生标准》规定 pH=6.5~8.5，即要求水呈弱酸性或中性或弱碱性。

◆硬度

一般水的硬度主要由钙离子和镁离子构成。水中钙离子和镁离子的总量称总硬度。当水加热时水中平衡（相伴）重碳酸根离子的二氧化碳逸出，重碳酸根离子便与钙、镁等离子结合形成碳酸钙、碳酸镁等碳酸盐沉淀从水中析出，此时析出的钙离子和镁离子的总量称暂时硬度，仍保留在水中的钙离子和镁离子的总量为永久硬度。总硬度=暂时硬度+永久硬度。

《生活饮用水卫生标准》规定总硬度的限量为 450 毫克/升（以 $CaCO_3$ 计）。健康水要求含有适量的硬度，水的硬度为 50~100 毫克/升（以 $CaCO_3$ 计）为好。

◆水化学成分类型

天然水化学成分复杂，为简明起见，常用水中主要离子的“毫摩尔/升”百分数含量，对水的化学成分进行分类。参加分类离子的毫摩尔/升百分数必须大于或等于 25%（阴阳离子分别计算）。分类时规定：阴离子在前阳离子在后，同类离子中多的在前少的在后。例如，长江水的化学类型为重碳酸-钙镁型水，也就是长江水中只有重碳酸离子和钙离子、镁离子的毫摩尔百分数都大于 25%。长江水化学组分简单，矿化度低，口感好，水质佳。

3 天然水化学成分的形成

水分子是极性分子，介电常数高（81），因此水是良好的天然溶剂，具有很强的溶解盐类的能力。水中二氧化碳气和氧气更增强了水的溶蚀能力，使水能溶解许多难溶矿物。

自然界的水处于统一的循环之中，地表水、地下水相互联系、相互转换。水在运动接触岩石时，通过溶解、水解、氧化分解、碳酸溶蚀等化学作用，把被禁锢在岩石矿物中的元素溶滤（淋滤）、溶解出来，进入水中，这就是水化学组分的物质来源。

水的溶滤作用普遍存在，它是指水将岩石矿物晶格中部分可溶的元素溶解转入水中，而矿物结晶格架未遭破坏，岩石结构完整、地层稳定。溶解作用是岩石矿物全部溶于水中，岩石结构和地层稳定性受到破坏，可能引发地质灾害。广义上把上述水的溶滤和溶解作用都统称为溶滤(淋滤)作用。

元素从岩石转入水中后，再通过后继的水化学成分形成作用——离子交换吸附作用、脱碳酸作用、生物地球化学作用(还原作用)、蒸发浓缩作用、稀释作用、混合作用等，改变水来自岩石的化学组分，逐渐形成水的化学组分。

天然水化学成分的形成还受包括气候、地形地貌和地质等多种环境因素的影响，特别是地表水和浅层地下水受气候、地形地貌的影响最明显，因为这些因素影响水源补充和水流动速度。

气候湿润区降水充沛，蒸发弱，河川水系发育好，水流速度快，地层冲刷程度高，多形成矿化度很低的重碳酸-钙镁型水，水中一些微量元素缺乏或含量偏低。与气候湿润区相反，气候干旱区，降水量少，蒸发强烈，河川水系发育很差，地层冲刷程度很低，常形成矿化度高的氯化钠型水，水中一些微量元素可能过多。

不同地区、不同水体、不同岩性及水化学成分形成的作用不同，水化学成分是不相同的。就是同一地区、同一水体，在不同时间化学成分也有差异。因此，水化学成分十分复杂。

4　天然水体的化学特征

大气降水、河水、湖泊水、海水和地下水所处环境和水动力条件不同，水的化学成分各不相同，各具有自己的水化学特征。

大气降水

大气降水由空气中水汽围绕微细尘埃（气溶胶）凝结而成。虽然形成时间短，但它已不是纯水，溶有化学物质。

大气中含有各种大气成因的气体（氧、二氧化碳、氮等）和以气溶胶形式存在的颗粒，一些矿物质被吸附在气溶胶颗粒上。大气降水在其形成和降落过程中洗涤大气中的物质，1 升降水如以中等大小的水滴从 1000 米高空降落，将洗涤约 3000 米^3 的空气，空气中的部分物质便溶于雨雪中。大气降水的化学特征如下：

⑴溶有大气成因的氧、二氧化碳和氮等，且近于饱和状态。

⑵大气降水的矿化度很低，常在 50 毫克/升以内。近海地区降水以氯化物和钠为主，内陆地区以氯化物、硫酸盐、钙和钠为主。降水中还含有多种微量元素，近海地区的降水含有较多的碘。

⑶未受污染的大气降水呈弱酸性。在以煤为主要燃料的地区，大气受到二氧化硫（SO_2）的污染，形成酸雨，$pH<5.6$，我国有的城市已测得 pH 为 3.2 的强酸性雨水。酸雨污染地面水、地下水和土壤，危害农林业生产和水体生物及人体健康，还腐蚀建筑物，特别是对古建筑物危害最大。

河水

河水是人类赖以生存的最重要的淡水资源，城市和居民点多临河旁水而建。河水具有如下化学特征：

(1)河水流动速度快，更新周期短，循环周期平均为 16 天(全球平均值，以下同)，因此河水的矿化度比湖泊水及地下水低。我国河水矿化度多在 100~400 毫克/升以内，很少超过 1000 毫克/升，但以蒸发为排泄去路的内陆河流，矿化度可达每千克数十克。

(2)河水的化学成分与气候密切相关。我国自东南向西北气候分带明显，河水的化学成分依此而变。各气候带水化学特征如下：

潮湿带　此带分布在我国东南沿海地区，年降水量大于 1600 毫米，降水很充沛，地层冲刷程度很高，岩层中只存留难溶的碳酸盐和硅酸盐矿物，水矿化度很低，小于 100 毫克/升，水化学成分简单，多为重碳酸-钙镁型水或重碳酸-钠型水(花岗岩地区)，如闽江矿化度 25.4 毫克/升，为重碳酸-钠钙型水。

湿润带　此带包括我国长江、西江、西南诸河等流域，以及黑龙江流域和松花江流域，年降水量为 800~1600 毫米，降水充沛，地层冲刷程度高，岩层中存留难溶的碳酸盐和硅酸盐矿物，河水矿化度为 100~300 毫克/升，水化学成分简单，多为重碳酸-钙镁型水或重碳酸-钠型水(花岗岩地区)，如长江矿化度为 129 毫克/升，为重碳酸-钙镁型水。

过渡带　此带包括我国黄河、淮河、海河等流域和辽河流域，年降水量为 400~800 毫米，气候较干燥，蒸发较强，地层冲刷程度较低，岩层中易溶的氯化物与硫酸盐和难溶矿物共存，河水矿化度为 200~500 毫克/升，水化学成分较复杂，常出现混合型水，除钾离子外 6 种主要离子中多数离子含量的毫摩尔/升百分数都大于或等于25%，如黄河水矿化度为297毫克/升，为重碳酸硫酸-钠钙镁型水。

干旱带 广大西北地区和内蒙古自治区是气候干旱带，年降水量小于400毫米，有些地方甚至只有数十毫米，气候干燥，蒸发强，地层冲刷程度很低，岩层中易溶的氯化物与硫酸盐和难溶矿物共存，河水矿化度大于500毫克/升。当矿化度为500~2000毫克/升时，水化学组分复杂，出现混合型水；当矿化度大于每千克数克时，水化学成分变简单，为氯化钠型水，如新疆塔里木河为内陆河，水矿化度为31.7克/千克，为氯化钠型水。

(3)河水的化学成分随时间而变。雨季时降水补给充沛，水稀释矿化度降低；旱季时河水受地下水与湖泊水补给，矿化度升高。

(4)河水虽自净能力强，但无天然屏障保护，其自净能力有限，易受人类各种活动产生的污染物污染，一经污染很难治理。

湖泊水

湖泊是地面天然洼地中的水体。湖泊汉语解：湖是生长芦苇等水草的水域，泊则无芦苇等水草。湖泊成因种种，其中河成湖影响最大，具有调节河水流量的功能：暴雨时储存洪水，免洪涝之灾；旱季湖水排入河流，免干旱之灾。湖泊是十分重要的水源地，具如下化学特征：

(1)湖泊水循环比河水缓慢，平均循环周期为17年，水面广，在平面和深度上存在水循环停滞带，可能形成局部还原环境，此环境水中含有硫化氢、甲烷。

(2)湖泊水化学成分同河水一样受气候影响明显。我国东南部和南部气候潮湿，降水充沛，水的矿化度低，多为 10~200 毫克/升，多为重碳酸-钙型水。太湖水矿化度为 86 毫克/升，为重碳酸-钙型水。在我国西北内陆地区，气候干燥，降水少，蒸发强烈，水的矿化度为每千克数克至每千克数十克，甚至每千克数百克，多为氯化钠型水，形成咸湖和盐湖，后者可作盐矿床开采。著名的青海湖就是咸水湖，矿化度为 12.5 克/千克，为氯化钠型水，新疆维吾尔自治区艾比湖为盐湖，矿化度达 116 克/千克，也为氯化钠型水。

(3)有的湖泊因水体积大，水循环周期比河流长，水自净能力比河水差，又无天然屏障保护，容易受到污染，污染治理更难。湖泊易受到氮和磷的污染，湖水体富营养化，引起藻类和其他浮游生物繁殖，水中溶解氧下降甚至消失，形成还原环境，引起鱼虾和其他浮游生物大量死亡，并在厌氧环境中腐烂分解，产生硫化氢和氨等恶臭气体，使水质进一步恶化。太湖因严重富营养化，2007 年 5 月底蓝藻暴发，引起的饮水危机几乎席卷了无锡市全城。

湖泊除河成湖外，还有火山口湖和构造湖等类型。古火山口聚集大量水体形成火山口湖，如长白山天池，它是风景亮点、旅游胜地。地壳构造运动形成的断陷洼地聚集大量水体形成构造湖，如云南抚仙湖。

抚仙湖位于云南玉溪市，北距昆明 70 多千米。约 340 万年前抚仙湖古称“古抚仙大湖”，由抚仙、星云、杞麓 3 湖相通构成，后随着湖周边山体持续抬升和湖盆深陷，致使湖泊不断加深，成为现在的深水湖泊，最深处达 158.9 米，平均深度为 87 米，湖面海拔高度为 1722.5 米，是云贵高原一颗晶莹的明珠。抚仙湖面积 216.6 千米^2，湖容积为 206.2 亿米^3，占全国淡水湖泊蓄水量的 9.16%。由于湖周围自然环境没有受到大的破坏，抚仙湖水呈蓝绿色，水清澈，透明度为 4~5 米，有的可达 7~8 米，水质极佳为 I 类，是我国水质最好的天然湖泊之一。

抚仙湖东部有温泉，涌水量大，水温一般在 40℃左右，水质含硫，是沐浴、疗养的理想之地。

抚仙湖波涛翻动时，白浪如朵朵睡莲竞相开放，又似串串银链滚动；无波时如明镜般一片澄清碧绿。远山近水，洲岛错落，构成一幅幅风景如画的仙景(图 2-2)。

图 2-2　云南抚仙湖(摄影　贺大印)

海水

海水(图 2-3)是地球上最浩瀚的水体，约占地球表面积的 71%，水量达 13.38 亿千米^3，占地球总水量的 96.537%。海洋是经过以亿年计的漫长的地质历史的演化而形成的，它汇集了河水从陆地带来的化学物质，因此海水具有如下化学特征：

图 2-3　从台湾垦丁公园远眺巴士海峡（摄影　贺大印）

（1）海水中含有地壳岩石中所有的主要元素和微量元素，它是地球元素富集的“仓库”。虽然岩石中微量元素的含量比海水中高数千倍，但海水中微量元素总量却特别多。例如，海水中黄金的总量就有 600 万吨。

（2）海水的含盐量平均为 34.7‰，即 34.7 克/千克。海水为弱碱性水，pH=8.0~8.3。

（3）海水中氯化物含量最多，占含盐量的 88.6%，为氯化钠型水，其次是硫酸盐占 10.8%，碳酸盐很少，只有 0.3%，比河水少得多。这是因为部分碳酸盐从海水中沉淀析出，部分为动物吸收形成甲壳和骨骼。此外，海水中溴、锶、硼、氟占有明显的优势，它们的含量均在 1 克/千克以上。海水化学成分稳定，虽然每年全世界河流携入海洋的溶解物质差不多有30亿吨，但海水不会变得更咸。因为可溶性物质达到一定浓度后，便会互相结合成不溶性化合物而沉入海底。此外，还有许多可溶成分被海洋生物体吸收，生物体死亡后残骸也沉入海底。季风和台风大浪也能把海水中部分可溶物送至沿海陆地。

地下水

地下水是埋藏和循环于岩石空隙中的水，主要接受大气降水和地表水入渗补给，并参与自然界的水循环，这些因素赋予地下水如下的化学特征。

(1)地下水接触岩石范围广，运动缓慢，深层地下水循环周期长达1400年，有充分的空间和时间去溶解岩石中的矿物组分，因此水的矿化度一般比江河水、湖泊水高，化学成分复杂，含有众多的微量元素。

(2)地下水化学成分与岩石矿物成分关系密切。例如，在石灰岩地区，水的矿化度不高，常小于500毫克/升，为重碳酸-钙型水或重碳酸-钙镁型水，水中氟元素缺乏，因氟与钙形成难溶的氟化钙而从水中析出。在花岗岩地区水的矿化度也很低，常小于200毫克/升，为重碳酸-钠型水。

(3)浅层地下水化学成分受气候和地形影响明显。山区水循环快，岩层冲刷程度好，水的矿化度很低，多在300毫克/升以内，在沿海地区不到100毫克/升，水多为重碳酸-钙型水或重碳酸-钠型水(花岗岩地区)，水中一些微量元素缺乏或含量偏低。

在我国西北平原地区地下水循环缓慢，岩层冲刷程度较差，水矿化度较高，特别是近地面地下水由于蒸发作用强烈，可达每千克数克，甚至还要高一些，为氯化钠型水，水中一些微量元素过多。埋藏较深的地下水不受蒸发的影响，水的矿化度多小于 1000 毫克/升，水化学组分复杂，多为混合型水。

深层地下水循环十分缓慢甚至停滞，矿化度很高，为氯化钠型水。有的地下水是被封存的古海水，经变质作用后可形成卤水，矿化度高可达每千克数百克，为氯化钠型水和氯化钙型水，可作化工原料资源开采。

(4)地下水不易受到污染，但一经污染很难治理，甚至是不可能治理的。因此，必须严格保护地下水资源不受污染。

第3章　水为创建生命世界默默耕耘

1 生命诞生于水

生命的起源学说有多种，其中生命起源于海洋得到广泛认可，并且科学家通过实验室研究进行了证实。

生命诞生时的大气环境

据科学家用放射性同位素方法测定，地球的年龄为 46 亿年。地球刚形成时原始大气的主要成分为氢和氦，不久被强劲的太阳风吹向茫茫的太空。

地球形成初期，原始地壳薄，地壳活动剧烈，断裂发育，因而发生大面积的火山喷发。38 亿~35 亿年前大气演化进入次生大气。次生大气无氧为还原大气，80%是水气，二氧化碳的浓度非常高，保守估计至少达到 10%，其余 10%是氢、甲烷、硫化氢、氮和氨等。

生命诞生时的海水环境

地球形成初期，地表温度较高，大气对流强烈，大气中水汽上升凝结成雨水降到地面，并逐渐在低洼处聚集，地球诞生生命的环境——原始海洋形成。原始海水化学成分简单，它只溶有甲烷和氨及少量矿物质，水量也少，只是目前水量的 1/10，水呈强酸性。

生命的诞生

在地球形成初期，大气中的甲烷、氢、氨等无机分子在太阳紫外线、电离辐射、雷电等能量作用下，形成核苷酸、氨基酸、脂肪酸等生物小分子(单体)。

生物小分子被雨水带入原始海洋，并通过彼此间的相互作用，在适当条件下(如黏土的吸附)，经过聚合作用形成蛋白质、核酸等生物大分子(聚合体)。

生物大分子继续演变为多分子体系，并生成生物膜与周围环境分开，形成原始细胞，从而可进行原始的物质交换。从多分子体系逐渐演化成原始生命是通过蛋白质和核酸经过长期的相互作用逐渐演变成的。蛋白质起结构和催化作用，核酸能自行复制起模板作用，其主要特征是能够进行原始的新陈代谢和繁殖。从而在距今约 35 亿年前地球原始生命诞生，在澳大利亚西部距今 35 亿年前的燧石中发现的丝状结构微体化石就是原始生命体的证据。

原始生命诞生时大气无氧更无臭氧层，太阳紫外线直射到低空，分解水汽(光解作用)生成氢和氧，氢逸出大气，而氧与地表上的金属铁化合而消失。为防止紫外线杀伤，原始生命只能生存在深海中，靠分解金属氧化物中的氧生存。海水化学成分简单且呈强酸性。

此时的大气环境和海水环境还不适宜生命较快进化发展，但地球在向前演化，特别是水和二氧化碳积极参与生命大气环境和生命海水环境的建造。

2　水为建造生命环境默默耕耘

水圈、大气圈和岩石圈构成了包括人类在内的一切生命体赖以生存的生命环境。地球原始生命诞生时，还无生命进化的大气环境、水环境和土壤环境。水为建造这些环境默默耕耘。

水建造生命的大气环境

地表金属铁氧化作用结束后，光解作用分解水生成的氧得以留存大气并逐渐积累,在距今 20 亿年前的元古代大气中出现氧气。原始生命在海洋中诞生后，出现了氧介酶，它可随生命移动供给氧，使原始生命能到浅海区活动。原始生命与溶入水中的二氧化碳进行光合作用放出氧，并增长生命自身的躯体，从而生成了有叶绿素的绿色植物，于是植物光合作用和水汽光解作用同时发生，使大气中的氧逐渐增加。这是次生还原大气向现在大气演化的重要标志。

现在大气形成前期，由于冷却地表降温，大量的二氧化碳溶于水中并生成碳酸盐岩石，这使大量的二氧化碳被禁锢在石灰岩、白云岩等岩石中，大气二氧化碳含量因此逐渐减少。

到 5.7 亿年前元古代末期，奥地利因斯布鲁克大学地质学家施普特尔通过对那个时代形成的沉积岩中的同位素分析测得，大气二氧化碳含量降至 1.2 万 ppm，但仍然很高，溶于水中也多。由于水中各种藻类和植物的繁殖，光合作用强烈，产生了大量的氧，使大气中的氧增多，达到现时大气中氧含量的 1%，并在高空逐渐形成臭氧层，于是水汽的光解作用停止。此后植物光合作用产生的氧，成为大气中氧的主要来源。

臭氧层能屏蔽太阳的紫外线辐射而使浮游生物在浅海发展很快，在距今 4 亿年前的志留纪，大气中的氧增至现时大气中氧含量的 1/10，因此植物、动物登陆大地。距今 3.5 亿年前的晚古生代的石碳纪和距今 2.3 亿年前的二叠纪地球气候潮湿炎热，蕨类植物繁盛，光合作用强烈，制造出大量氧气，使大气含氧量达到顶峰，为现在大气含氧量的 3 倍。这就促进动物的大发展，需氧量多的大型爬行动物，如恐龙及鸟类出现。繁盛的植物大量消耗的二氧化碳，并通过生物转换以碳的形式储存在化石燃料(煤、天然气和石油)中而深埋地下。因此，大气中二氧化碳便逐渐减少，接着发生的冰期，又促使二氧化碳溶于水中并生成碳酸岩石从水中析出。二氧化碳减少使光合作用产生的氧不敷巨大恐龙呼吸之用，于是恐龙很快绝灭(恐龙绝灭还有多种解释)。

此后，由于大气中的二氧化碳逐渐减少，植物光合作用变弱，大气氧含量也逐渐降低。在距今 6000 多万年前开始的新生代大气成分稳定，基本上与现代大气成分相近。

水建造生命的海水环境

海水中的化学元素除一部分来自火山喷发和海洋底部岩石释放外，大部分来自水对大陆岩石的溶蚀风化破坏作用。

地球形成初期遍地抗风化力强的火成岩，难溶于水，水解破坏他们也是有限的，但当时大气二氧化碳含量很高，地面水流碳酸腐蚀性很强，能溶蚀破坏火成岩的主要矿物，如钙长($CaAl_2Si_2O_8$)的溶蚀过程表述如下；

$$CaAl_2Si_2O_8(s)+3H_2O+2CO_2 \longrightarrow Ca^{2+}+2HCO_3^- \\ +Al_2Si_2O_5(OH)_4(s)$$

就这样火成岩受到破坏，把大量的禁锢在其中的碱性物质

K^+、Na^+、Ca^{2+}、Mg^{2+}等阳离子和HCO_3^-等阴离子以及众多的微量元素释放出来而溶于水中，并在在二氧化碳的相伴下汇入大海。因此，在漫长的地质历史进程中，海水汇集了大量的主要元素和微量元素，它是地球元素富集的“仓库”。这些元素是化学活性强的离子，易为生物体吸收利用，成为生命进化和生长生存的物质基础。大量的碱性物质进入大海还中和了海水的强酸性，提供了适合生命进化和繁殖弱碱性水环境，目前海水 pH= 8.0~8.3。

水建造生命的土壤环境

腐蚀性很强的碳酸水对岩石进行强烈的化学溶蚀风化，硅酸盐矿物的晶格遭受破坏后，水把溶于水的矿物质带走，不溶于水的硅酸盐残余物在原地堆积生成比较稳定的次生黏土矿物，如高岭石、伊利石、蒙托石等。此外，岩石受到水的机械破坏能产生大量的碎屑物。碎屑物经过水的搬运和筛分，在异地堆积成碎屑土。

次生黏土和碎屑土是土壤固形物的主要组分，奠定了陆地食物链生存生长的物质基础，为海洋生命登陆大地创建了不可缺少的物质条件。

3 水为现代文明社会默默耕耘

水是生命之本，人的生活和工农业生产都离不开水。人不仅直接享受现实大自然中水的恩赐，而且在衣食住行游中还享受水的历史贡献。地球历史时期的水为现代文明社会默默耕耘。水在文明生活中无处不在。例如长假你和家人乘飞机去桂林旅游。水始终伴你同行，在旅游胜地享受的可口小吃是用水生产的；制造飞机的铝合金的矿物原料，飞机燃烧的汽油，建筑机场的材料等都是某个历史时期在水的作用下生成并在今天用水生产的；让你心旷神怡流连忘返的桂林、阳朔山水更是水和二氧化碳数亿年不断雕塑的杰作。因为水，现代人生活如此多彩。

水为现代文明社会建造矿物资源

在现代文明生活方面，水的历史奉献突出，与此有关的物质原材料是地质时期水与二氧化碳的共同作用的结果，其中最主要的如水泥、玻璃、钢铁和铝合金等。水泥是用石灰岩、黏土和铁矿石粉为原料生产的；玻璃是用石英砂生产的；钢铁和铝合金是用铁矿石和铝土矿等金属矿冶炼的。这些矿物原料不但与地质时期的水密切有关，有的矿石本身就含水，如铝土矿三水铝石（$Al(OH)_3$）本身就含结晶水，建筑材料石膏（$CaSO_4 \cdot 2H_2O$）含两分结晶水。

水为现代文明社会带来光和热

人类每天要消耗大量的化石燃料（煤、石油和天然气等），它们都形成于降水充沛、气候温湿的地质历史时期，丰富的水源能滋养大量的生物体。

煤是埋藏在地下的植物遗骸在漫长的地质时期与空气隔绝，在高温高压下变质而形成的黑色的可燃沉积物。

石油和天然气是埋藏在地下的海洋生物遗骸在漫长的地质时期与空气隔绝，经过细菌分解，以及高温高压作用下，生物遗骸逐渐分解变质而成的。

化石燃料实际上是地球历史时期太阳能的储存载体。它们的生成时间很长，常以百万年为单位计。据专家研究，石油的生成至少需要200万年时间。

因为水，黑夜才有光；因为水，冬天才有热。

水为地球穿上了华丽靓装

水和二氧化碳的地质作用还强烈改变了地球原始表形态。汇入大海的钙、镁等阳离子和重碳酸根离子及相伴的二氧化碳在局部海域逐渐累积成过饱和溶液后，由于水温或压力发生变化，相伴的二氧化碳逸出，重碳酸根离子便与钙等阳离子结合生成石灰岩等碳酸盐沉积物，从水中析出沉淀出来，建造了遍布地球的石灰岩层，为地球穿上了一件朴实的石灰岩外套。其后石灰岩在水和二氧化碳共同雕塑作用下形成风景秀丽的喀斯特地貌，朴实的外套变成华丽的靓装。

如果说水是雕塑大自然的大师，那么二氧化碳就是大师的雕塑刀具。因为水，地球如此美丽。

4 为二氧化碳点赞

二氧化碳的温室效应

二氧化碳是温室气体，大量聚集在大气中造成大气逆辐射，热量不能向太空消散引起全球温度升高。二氧化碳好像盖在地球表面的棉被，如果没有它，地球表面温度将下降20℃，世界会寒冷。当前人类面临的是大气二氧化碳增加，

“棉被”变厚，世界变暖问题。

据气象观测研究，近 100 年，由于二氧化碳排放量增加，全球气温升高 0.6℃，海平面上升 14 厘米，据国家海洋局《2014 年中国海平面公报》，1980~2014 年中国沿海海平面总体呈波动上升趋势，上升速率为平均 3 毫米/年，高于全球水平，海平面上升除主要由于全球气候变暖导致海水增温膨胀和高山冰川、极地冰盖融化等外，沿海地区地面沉降也能造成海平面相对抬高，从全球来看，这就是中国海平面上升速度高于全球的原因。

照这样下去，预计到 21 世纪中叶，全球气温将升高 1.5~5℃，高山和两极冰雪将大部分融化，海平面将会上升 25~140 厘米。

这些变化将破坏世界现有的水体均衡，淹没大量陆地，引发海岸侵蚀和海水入侵与土壤盐渍化等灾害加剧，对生态环境将造成严重的灾难性后果。1997 年，在日本京都由联合国气候变化框架公约国参加国通过了《京都议定书》，其目标是“将大气中二氧化碳含量稳定在一个适当水平，进而防止剧烈的气候改变对人类造成灾难性的伤害”。此后，二氧化碳成为“妖魔”，令人憎恨。

二氧化碳排放量增加，气候变暖不是二氧化碳的罪过，而是人类自己。人类为追求无止境的享受欲望，要在以年（365 天）计的短时期内，大量燃烧在以百万年计的地质历史时期内生成的化石燃料，排入大气的二氧化碳陡然增加，气候变暖是必然的恶果。

大气二氧化碳的演变

地球形成时的原始大气只有氢和氦，不久被太阳风吹向太空而消失。38亿~35亿年前大气演化进入次生大气。次生大气无氧为还原大气，二氧化碳的浓度非常高，保守估计至少达到10%（10万ppm）。

在现在大气形成前期，由于冷却地表降温，大量的二氧化碳溶于水中并生成碳酸盐岩石，大气中二氧化碳含量因此减少。奥地利因斯布鲁克大学地质学家施普特尔通过对到5.7亿年前元古代末期形成的沉积岩中的同位素分析测得，大气中二氧化碳含量降至1.2万ppm，但仍然很高。

距今6亿年前的元古代末期，也就是震旦纪大冰期，气候变寒冷，二氧化碳的溶水性成倍增长，陆地水流的酸性溶蚀力更强，水碳酸溶蚀陆地上的岩石，消耗大量的二氧化碳，大气二氧化碳因此减少。陆地水流把溶蚀得到的钙、镁等阳离子和重碳酸根离子及相伴的二氧化碳带入大海。冰期后气候湿热有利于其后的石碳纪时期和二叠纪时期石灰岩的生成；气候湿热还有利于植物繁殖生长，而使石碳纪时期和二叠纪时期成为成煤时期。因此，大量的二氧化碳被储存在石灰岩和煤层中。

接着发生冰期和间冰期，寒冷气候和湿热气候交替出现，又促使碳酸岩石和化石燃料的生成，大气二氧化碳逐渐减少，到1775年工业革命时只剩下280ppm。

工业革命后由于工业发展，化石燃料燃烧增加，到1997年，大气中二氧化碳的含量升至363ppm，根据联合国世界气象组织提供的数据，2011 年，大气二氧化碳含量已达 390.9ppm,比 1750 年的水平增加了约 40%。

大气中二氧化碳的隐藏

大气中这样多减少的二氧化碳和其后火山及大洋中脊喷发的二氧化碳舍己献身，居功不显而隐藏起来。这就是二氧化碳的伟大，应点赞。

二氧化碳隐藏在何处呢?苏联地球化学家阿·费尔斯曼认为，大气中留有碳 2.2 万亿吨(合二氧化碳 8 万亿吨)；海水中藏碳 184 万亿吨(合二氧化碳 674.7 万亿吨)；沉积岩中藏碳 4576 万亿吨(合二氧化碳 16778.7 万亿吨)；活的生命体中藏碳 0.7 万亿吨(合二氧化碳 2.57 万亿吨)。化石燃料含更多的碳，燃烧化石燃料时必然要产生大量的二氧化碳排入大气污染环境。1 吨石油含 870 千克的碳，燃烧时产生二氧化碳 3120 千克，燃烧 1 吨煤产生二氧化碳 2620 千克，燃烧 1 立方米天然气释放二氧化碳 1.9 千克。

5 人体生命元素的组成

人具有最高级的思维与智慧，其生命器官组成复杂，化学成分复杂，但从元素组成讲也很简单。人是物质世界的一员，人的元素组成与物质世界是一致的。元素周期表的 92 种稳定元素中，在人体中目前已知有 80 多种。

1945 年第二次世界大战以后，为解决核辐射防护问题，美国橡树岭国家实验室对人体化学组成进行了系统研究。此研究结果被国际辐射防护委员会采纳为参照人(男性，体重

70千克，以下同）的参数值。

人体组成的元素按其含量可分为两大类，一般是把大于体重0.01%的元素称为宏量元素，小于0.01%的则是微量元素。

据橡树岭实验室测定，一个参照人体中宏量元素有：氧43千克，碳16千克，氢7千克，氮1.8千克，磷0.7千克。以上5种元素共68.5千克，它们中70%是水，28.86%为人体的肌肉、皮肤、器官等组织。宏量元素中还有钙1千克、硫0.14千克、钾0.14千克、钠0.1千克、氯0.095千克和镁0.019千克，这6种元素共重1.494千克。它们是组建人体骨架和构成血液（除水外）的主要物质成分。以上11种宏量元素之和占人体重的99.9%以上。

据橡树岭实验室测定，一个参照人体中，主要微量元素之和还不到30克，只为体重的0.04%。微量元素中只有铁、氟和锌三种的含量大于1克。其他微量元素都很微少，从数微克到数百微克不等，更少的甚至小于1微克。人体中还含有微量的铀、钍等放射性元素，因此人还是一个微放射性体。人体中微量元素无处不在，虽然很少，但它们的生理功能作用巨大。

人体中硅含量为0.018千克，占体重的0.026%，大于0.01%，但有人把它也归为微量元素，可能是它在人体中的含量与其在岩石中的含量29.5%相比十分微少（上海第一医学院，1981）。

6　地壳岩石元素的“丰度效应”

在地质学研究时，人们习惯把岩石中含量低于重量 0.1%的元素称为微量元素，不言而喻，大于 0.1%的元素为常量元素。据苏联地球化学家维诺格拉多夫计算(以下同)构成地壳岩石(不含海水和大气)中的宏量元素有氧、氢、碳、硅、铝、铁、钙、钾、钠、镁、钛和锰 12 种，它们重量之和达到 99.5%以上，而余下还不到 0.5%的近 80 种元素是微量元素，含量最微少的是镭，只有十亿分之一。

宏量元素与常量元素重量之比在岩石中是 99.5%比 0.5%，人体中微量元素更少，为 99.96%比 0.04%。基本上地壳岩石中元素丰度(相对含量)多的元素，人体中也多；地壳岩石中丰度低的元素，人体中也低。这一地壳岩石中元素的丰度控制生命元素必需性的现象称为元素的“丰度效应”。

据研究，约 27 种元素是生命进化、生存必不可少的元素，其中微量元素 14 种，可把它们称为生命必需元素，它们中大部分在元素周期表的前四个周期之中。

岩石中元素的“丰度效应”控制生命元素的必需性，但这不等于凡是岩石中丰度大的元素，人体中也多，因为岩石中的元素必须首先溶入水中变成离子和络合物后才能被生物体吸收，因此生命体中元素的含量还取决于元素构成矿物的溶水性和元素在水中的迁移性。

地壳岩石中硅、铝和铁的丰度在氧后，它们分别居第二位到第四位，它们的丰度很大，硅的丰度为 29.5%，铝为 8.05%，铁为 4.65%，但它们的矿物很难溶于水，且在水中的迁移性弱，故水中含量很少，因此人体中也不多，硅为0.0257%，铝为0.000 087%和铁为0.006%，它们不是建造生命机体的主要成分，但是由矿物二氧化硅（石英）和含铝硅酸盐矿物组成的岩石强度高、稳定性好、分布广、取用方便，是建筑工程的好材料。

地壳岩石中在上述四种元素氧、硅、铝和铁之后，钙的丰度为3.6%，钾为2.5%，钠为2.5%，镁为2.1%，它们组成的碳酸盐、硫酸盐、硫化物和氯化物都能溶于水中，而硅酸盐在水和氧的风化作用下硅酸盐晶格受到破坏，其中钙、镁、钾、钠变成阳离子进入水中。它们在水中的迁移性强，是水的主要离子成分，因此人体中也很多，据橡树岭实验室研究，钙为1.43%，钾为0.2%，钠为0.14%、镁为0.027%。

地壳岩石中硫和氯在岩石中的丰度很低，分别为0.047%和0.017%，但它们组成的矿物氯化物、硫酸盐等的溶水性很好，迁移性很强，故能成为水的主要离子成分，因此人体中也很多，硫为0.2%，氯0.012%。

7　人是水“建造”的生命体

人体生命物质组成和维持生命生长生存的必需物质，按其组成和来源可分为四类：空气、水、有机物和矿物质。这些人生长生存的必需物质是水和水作用的结果。

人是水“建造”的生命体，水在人生命体中占有很大的比重：人受精卵中90%的成分是水，胎儿是在98%是水的羊水中发育成长的，成人体重中约70%是水。

人是水“建造”的生命体，成年人每天需要空气12米^3，并从中获得氧气，氧气是植物用水和二氧化碳进行光合作用生成的。

人是水“建造”的生命体，成年人每天需要水量约 2500~3000 毫升，其中饮水约 1200~1500 毫升，从食物中获得约 1300~1500 毫升。

人是水“建造”的生命体，成年人每天需要摄入食物 1.5 千克。食物有植物类五谷杂粮、蔬菜、水果和动物类肉、蛋、奶。植物类食物是用水生产的，如生产 1 吨大米，要用 1000 吨水。动物类食物是用植物产出的饲料和水饲养牲畜家禽而得到的，如生产 1 吨肉要用 20 000 吨水。食物为人提供所需要的碳水化合物、蛋白质、脂肪、维生素和纤维素等有机营养物。植物中的碳水化合物是在水参与下通过光合作用制造的。植物中的有机氮来源于硝酸盐，硝酸盐是固氮作用将大气中分子氮转变为氨和铵盐后氧化形成的，硝酸盐溶于水呈离子后才能被植物根系吸收。种植植物还需要矿物钾和磷，它们溶于水形成离子后才能为植物根系吸收。我国农业为全国人民生产食物要用大量的水，据《2014 年中国水资源公报》我国农业用水占全国总用水量 6095 亿吨的 63.5%，用以解决全国人民的吃饭问题。

人是水“建造”的生命体，人体所需要的矿物质和微量元素来自水对岩石矿物的溶蚀溶解。岩石矿物中的元素是固相物，不可能进入生物体，只当矿物元素由水转变为溶于水的离子和络合物后才能为人体和生物体吸收。人摄取的矿物质和微量元素大部分来自食物，少部分来自饮用水。食物中的矿物质和微量元素是植物通过其根系，从溶有矿物元素的土壤水中得到的。动物类食物中矿物质和微量元素主要来自饲养动物的饲料，少部分来自饮用水。

人是水组建的生命体，要感恩水，爱护水。爱护水就是爱护人类自己的生命。

8 人生命体中的海水烙印

人离开原始生命诞生地海洋达 30 多亿年之久，但人体生命仍然是严格按有序排列的遗传基因将生命元素的组成一代一代传递下来，海水中元素丰度严格控制着生命元素必需性，人生命体中还留有海水的烙印。

海水元素丰度控制生命元素的必需性

早期生命虽无脑无智慧，但还是“聪明”地选择了水中含量多的如钾、钠、钙、镁等元素作为生命必需元素来组建机体，而同钾、钠在化学性质上相似的锂和与钙、镁相似的铍却被排除在外。原因是锂、铍在岩石中含量很少，海水中也很少，锂只有 0.2 毫克/千克，而钠、钾分别达到 10 500 毫克/千克和 380 毫克/千克；铍在海水中的含量更少，只有 0.000 006 毫克/千克，而钙、镁却分别达到 400 毫克/千克和 1350 毫克/千克。

如果生命进化不遵守元素的“丰度效应”，生命进化也会犯错误，走进一条死胡同。海鞘选择了钒来运载血氧，至今海鞘仍然是海鞘，没有演化成人，因为海水中钒很少。与此同时，蠕虫选择了载氧能力强的铁来运载血氧，同时原始海洋为还原环境，海水中铁含量比现在的海水丰富得多(后来海水中大量的铁氧化形成沉积铁矿)，因而蠕虫进化为脊椎动物。现在海水铁含量为0.01毫克/千克，但仍然比钒多，钒只有0.002毫克/千克。

血液成分与海水成分的一致性

英国地球化学家汉密尔顿测定了220例英国人体组织中各种元素的含量，他对比了人体血液成分和地壳岩石元素的含量，除原生质主要元素碳、氧、氮和造岩元素硅、铝外，发现两组数据相关性惊人。海水的元素成分主要来自地壳岩石元素的风化溶解，海水中元素的丰度同样与地壳岩石元素的丰度相关。生命起源于海洋，因此人体血液中元素的含量和海水很接近。苏联学者夫·弗·杰尔普戈利茨曾经做过测定，元素占溶解总盐量的百分含量是：氯，海水为55%，人血为49.3%；钠，海水为30.6%，人血为30%；氧，海水为5.6%，人血为9.9%；钾，海水为1.1%，人血为1.8%；钙，海水为1.2%，人血为0.8%；其他，海水为6.5%，人血为8.2%。

地质学研究发现，人体血液中的含盐量是9克/升，与第一批生物登陆时海水的含盐量相同。可以说人体血管内仍然流淌着原始的海水。

烹饪食物为何要加食盐

人体血液成分与海水相似，如氯和钠的含量基本相等，占溶解总盐量的百分含量是：海水中氯为55%，正常人人血为49.3%；海水中钠为30.6%，人血为30%。但人居住的陆地环境，无论是食物或是水不能提供海水中某些元素来满足人体对生命元素的需要。例如，钠因其溶解性迁移性好，它早就迁移到海洋，而在海水中聚集，因此人的食物和水缺钠，故在烹饪食物时必须加食盐(氯化钠)，以补充钠的摄入，但不能加多，世界卫生组织建议成人每天 6~8 克为宜，过多可能引发高血压。

碘也是如此，它溶水性、迁移性好，陆地上岩石中的碘，被水溶解后带入海洋，因而海水含碘多，为 0.06 毫克/升，人血液中含碘也多，为 0.057 毫克/升，与海水含量相近。陆地土壤和水一般缺碘，致使人缺碘。缺碘严重危害胎儿、婴幼儿的智力发育，后果极其严重，动物缺碘同样不利于健康。因此从 20 世纪 90 年代开始国家强行推广碘盐，同时婴幼儿还要加服碘丸，以补充碘的摄入。

9 人体中水的含量与其生命价值

人体中含有大量的水，成年男性水约占体重的 70%，女性因脂肪较多水比男性少一些。

人体从头到脚，无处不存在水，但含量差别大，大脑中水占 90%，血液成分中 83%是水，内脏器官中 70%以上是水，皮肤中 72%是水，表面看起来又干又硬的骨头都含有 22%的水，脂肪组织中含水较少，只有 10%。

人体水分减少能致人衰老，80 岁老人水只为体重的 50%。据俄罗斯科学家沃尔科夫提出的“医学新理论”，人的生存周期分为数字皆为 280 的两个时期：子宫内时期 280 天，子宫外时期 280 年。那么为何在现实中人总是过早死去呢？沃尔科夫把早逝的原因归结为机体内水分的流失。因为水分流失体内器官具有生物过滤作用的功能被封闭起来，不能再剔除有害物质，于是各种疾病现象出现，导致人衰老死亡。

人体时刻在散发水分，应随时补充水分。人体短暂缺水也会危害健康。当人体散发了体重 2%的水分时(如体重 70 公斤的人，流了 1.4 升的汗)就会感到强烈的口渴感，此时补水为时已晚，健康已受损，因此应定时饮水；如流失了 3%的水分，血液会浓缩，流失了 5%~6%的水分时，会引起脱水症状，也就是人们所说的中暑；水分流失高达 10%时，人就会昏迷休克，甚至濒临死亡。

高温条件下工作的人群和运动员要消耗大量的水分和盐分，应及时补充加盐的水，否则就会因脱水而中暑。

人体中水的摄入与排出

为了维持人体的生命活力与健康，体内各器官组织中的水必须保持均衡并不断更新，因此水必须积极参与体内循环，以保持水的活力，保持生命的活力。

为使体内水循环正常，首先应该算出每天水的排泄量，此排泄量就是每天水的摄入量。

健康的成年人每天排尿量 1500 毫升，粪便排出水量 100 毫升，肺呼出水量 400 毫升，人体皮肤蒸发的水量 500 毫升，总共排泄水量 2500 毫升。成年人体每天通过食物吸收水 1000 毫升，体内糖类、蛋白质和脂肪的代谢作用产生水 300 毫升，两项共计 1300 毫升。因此为保持体内水均衡，按平衡理论计算一个成年人每天(气温 21℃时)至少要饮水 1200 毫升。人的个体差异很大，所处环境不同，工作性质不同，具体饮水多少为宜，要因人因时因地而异。

2015 年美国阿肯色大学研究水合作用的专家斯塔夫斯基·卡弗托斯提议观察自己尿色判定饮水量是否合适：尿呈浅黄色说明饮水适量；无色透明说明饮水过量；深黄色说明饮水不足。

为保证身体健康，每天最好饮用白开水、矿泉水或可供人直接饮用的自来水等，最好少用茶、咖啡和饮料替代水的补充，因它们含脱水因子，是利尿剂。当它们进入人体后，可能很快以小便形式排出，甚至还可能带走体内原有的一些水分，达不到科学补水的目的，不利于健康。

人饮水应适量。如喝水过多，使水在体内滞留蓄积，引起血液渗透压下降和血循环量增多，而引发“水中毒”。中毒者头晕、呕吐、乏力、嗜睡、呼吸减慢，严重时休克，甚至危及生命。

人体中水的生理作用

水是人体生命之本，是人体最重要的组成部分，在人体中发挥着十分重要的生理功能作用。

◆调节体温的作用

水的一个很重要的物理性质就是水的比热容值高，热容量(储热量)大，具有调节人体体温的功能，使健康人的体温保持在 36.5~37.5℃。

当环境气温过高或人体内部所产生的热量增加时，可通过皮肤出汗蒸发散热维持体温正常，否则体温就可能很快升高超过40℃而危害人的健康甚至生命。

在寒冷时，由于水储备热量的潜力很大，人体不至于因外界温度低而使体温发生明显的波动。

◆溶解作用

水是良好的天然溶剂，具有较强的溶解能力和电离能力，它可以使体内的水溶性物质呈溶解状态和电离状态，保持体内的电解质平衡；人体营养物有机化合物、酶和激素都需要水来溶解，通过各种体液输送到全身各种组织器官和细胞中，才能被机体吸收，发挥其生理作用。

◆运输和新陈代谢的作用

水流动性很强，是输送物质的载体。水在血管、细胞之间川流不息，把氧气和营养物质运送到组织细胞，再把代谢废物排出体外。水就这样参与体内一切物质的新陈代谢作用，没有水，新陈代谢将无法进行，生命将因此而终结。

◆促进消化的作用

水具有参与体内营养消化的功能。人体内的消化液包括唾液、胃液、胆汁、胰液、肠液等主要是由水构成的，而食物的消化主要依靠消化液。

◆感觉作用

人的视觉是依靠眼球中含水晶体器官来感知光线。听觉是声波在耳朵内部的蜗牛壳部分，因水振动产生共鸣而听到声音的。味觉是味细胞与溶于水中的物质刺激的结果。嗅觉也是同样的道理。

◆润滑作用

水具有柔性，有润滑作用，是体内的润滑剂，在肠腔、骨骼关节等部位的水起润滑作用，可使器官之间免于摩擦受损，转动灵活。眼泪、唾液也都是相应器官的润滑剂。

◆杀菌作用

人体皮肤排泄的汗液含有抗菌蛋白，能消灭细菌。因此汗液是人体免疫系统中的组成部分。

◆美容作用

水能滋润皮肤，使皮肤洁白、湿润，富有弹性。皮肤缺水，就会变得干燥，皱纹增多，面容就显得苍老。因此，水有美容、保持青春的作用。湖南省洞庭湖南部的桃江县，美人多，据说与水有关。法国著名演员莎拉·贝尔娜尔曾言，“人和鲜花一样，都需要水滋润”。

水中矿物质营养的作用

现代分子生物学证实，微量元素不管来自何种渠道，都要溶于水中以离子形式才能被血液输送到各器官组织的细胞中去，发挥其生理功能。

水在地球上不断循环，从岩石中获得矿物质，水中矿物元素，特别是微量元素种类多，且以离子状态形式存在，有利于生物体吸收。

人体通过进食和饮水从岩石中获得矿物营养物质。食物中的矿物质仍是由植物根须通过水从岩石土壤中获得的，食物只起到转换作用。人通过饮水可直接从岩石矿物中获取营养质，因此饮用含有一定硬度及矿物质的水是人体获取矿物营养物的最佳来源，有利于健康。相反，常饮用矿物质缺乏的水对健康不利，如解放军驻某岛部队官兵饮用矿物盐含量缺少的雨水，半年后普遍感到乏力。

人对水中宏量元素的含量适应范围较宽，北方人群多饮用地下水，水的矿化度比较高，长期饮用也就习惯了，对健康无多大影响。南方人饮水的矿化度较低。因此，南方人初到北方饮用矿化度较高的水，会出现胃肠功能紊乱、腹胀腹泻、排气多等“水土不服”的现象。所谓“水土不服”，其实首先应该是“水不服”，是水中矿物质发生变化引起的，时间长了就习惯了。

我国北方水的矿化度较高，钠离子较多。因此，烹饪食物时，应相应减少盐的投放量，防止钠的摄入量过多，从而引发高血压病。钙是人体必需的宏量元素，保持钙的正常水平对健康至关重要。西方一些科学家的调查研究表明，长期饮用含钙、镁的水，其寿命比那些不喝含钙、镁的水的人长。水中适量的钙和锰有助于防止人死于心脏病。水中钙过多同样不利于健康，易形成结石。

人体中目前已知含有约70种微量元素。世界卫生组织公布了14种微量元素是人体必需的，它们是铁、锌、铜、铬、锰、钴、氟、碘、硒、钒、镍、钼、锶和锡。据美国橡树岭实验室测定，一个参照人体(男，体重70千克)中，主要微量元素之和还不到30克，只为体重的0.04%。人体中微量元素含量虽然很少，但对人体健康的作用不可忽视。

微量元素在人体中各司其生理功能：微量元素铁、锌、铜、锰、钼、硒等参与各种酶的构成或者是酶的激活剂，酶是一切生命现象和生化反应的物质基础，没有酶就没有生命；微量元素铁参与输氧载体血红蛋白的合成，是输氧载体；微量元素碘、锌、铜、铬等参与输氧载体激素的合成；微量元素锌、铜、铁、锰、硒等组成的酶类能不断将机体代谢过程中产生的自由基和过氧化物清除，提高机体的免疫功能；微量元素碘、硅、锌、钼、铜、锰、硒等能促进机体的生长发育和维持正常的生殖功能；微量元素钴参与维生素B_{12}的合成。

与宏量元素相反，人体对水中微量元素含量的适应范围较窄，即人体必需的微量元素摄入量应适当，摄入量过少，会引起微量元素缺乏症，摄入量过多则出现中毒效应。天然水中许多微量元素，如果其含量适当，不偏高，应该说都是人体必需的。例如，即使有毒元素砷，如摄入适量(微量)，对健康也是有利的。国外动物试验表明，缺砷的母羊及羊羔可能会猝死。

医学研究证明，生命体中的元素不是孤立存在的，有的是相互联系协同的，有的是相互制约对抗的。性质近似的元素容易出现元素间的协同作用，如铜元素能促进铁的吸收，可防贫血；钙可以降低镉的吸收，具有对抗镉的毒性作用。

20 世纪 50 年代中期，日本神通川附近居民因饮用水和食用稻米受镉污染，而引发“痛痛病”（肢体疼痛），这种病容易在中老年妇女身上发生，因为她们大多缺钙，对抗镉毒性的功能弱。

人体中微量元素有自然来源和人为来源，自然来源是通过土壤、水和食物进入人体的；人为来源是由人类活动污染土壤、水后再进入人体的。

第4章　水污染与其危害

1 水污染与水自净

水污染

水体因某些物质的介入，而导致其化学、物理、生物或放射性等方面性质的改变，从而影响水的有效利用，危害人体健康，或者破坏生态环境，造成水质恶化的现象称为水污染。为防微杜渐，应把水体水质朝恶化方向发展的现象都称为水污染，尽管其可能暂时还不影响水的利用。

水污染主要是向江河、湖泊直接排放工业废水和生活污水引起的。此外，入渗土壤的污水、废水、畜禽粪便，露天堆放的生活垃圾、工业垃圾及矿渣等经雨水淋滤浸出的污染液，下渗污染土壤后再污染地面水和地下水。还有其他人类活动，如水的氯化消毒、二次供水等，也可能使水质恶化，引起水污染。

人生活中的化学物品无不进入水中，甚至治病药物也在改变水质。美国一项调查研究发现，在 4100 万人口的饮用水中检测出 63 种药物或副产品成分，其中包括止疼、抗生素等药物。有专家认为，这些药物成分会对人体健康及水中生物产生影响。我国大量滥用抗生素，更应引起国人重视。

一些人类活动改变地下水的赋存环境，引发物理、化学等作用，使地下水水质恶化。例如，过量开采承压水，水位大幅度下降，可使隔水地层中的砷转入水中，而污染地下水。

水污染很难治理，特别是地下水污染更难治理，埋藏深的地下水污染是不可能治理的。

水自净

受污染的水体经过扩散、稀释、沉淀、氧化、微生物分解等作用，使污染物逐渐降低，经过一定时间后水恢复到污染前的状态，这一过程称为水体的自净。水体的自净能力是有限的，一般 1 吨废水、污水需要 10 吨清水才能稀释，如果排入水体的废水、污水超过水体的自净能力时，将造成水体污染。当前在宣传节约用水时有人提倡一水多用，其实多用也要有限度。过多用过的水含污染物多，要用过多的清水净化，达不到保护水环境的目的。防止水污染的关键在于生活节俭，少产生污染物。

水中悬浮物和溶于水中的有机污染物能氧化分解为简单而稳定的无机物，如二氧化碳、硝酸盐、磷酸盐和水等，水因此得到净化。在此净化过程中要消耗一定量的溶解氧。溶解氧变化的情况可反映水有机污染物的净化过程，因而可把溶解氧作为评价水自净或污染的指标。

2 我国水污染状况

在我国刚迈入改革开放大门时，就有许多有识之士，鉴于西方国家先发展经济后治理环境的教训和我国水资源贫缺的国情，呼吁重视环境保护，节约用水，防止水污染。十分遗憾的是，此宝贵意见未能得到重视，以致在改革开放、经济发展取得了重大成就的同时，环境和资源都受到了严重伤害，水污染严重。民间流传的名谣对我国水污染过程的描述是“50 年代淘米洗菜，60 年代水质不坏，70 年代也还可爱，80 年代鱼虾绝代，90 年代不洗马桶盖”，生动说明了我国一些河流和湖泊污染的过程，50 多年来从洁净的水恶化到连人体都不能接触的污水。

据《2014 年中国水资源公报》，2014 年对全国 21.6 万千米的河流水质状况的评价：全年Ⅰ类水河长占评价河长的 5.9%，Ⅱ类水河长占 43.5%，Ⅲ类水河长占 23.4%，Ⅳ类水河长占 10.8%，Ⅴ类水河长占 4.7%，劣Ⅴ类水河长占 11.7%，河水质状况总体为中。在我国的七大水系中，只有珠江、长江总体水质良好，松花江为轻度污染，黄河、淮河为中度污染，辽河、海河为重度污染；2014 年对 121 个全国主要湖泊共 2.9 万千米^{2}水面进行了水质评价：全年总体水质为Ⅰ~Ⅲ类的湖泊占评价湖泊总数的 32.2%；Ⅳ~Ⅴ类占评价湖泊总数的 47.1%；劣Ⅴ类湖泊 20.7%。93 个湖泊处于富营养状态，占评价湖泊总数的 76.9%。2014 年对主要分布在北方 17 省（自治区、直辖市）平原区的 2071 眼水质监测井进行了监测评价，地下水水质总体较差。其中，水质优良的测井占评价监测井总数的 0.5%，水质良好的占 14.7%，水质较差的占 48.9%，水质极差的占 35.9%。

我国一些河流水资源的开发利用程度过高，加剧了水污染的恶化趋势。据最新《水资源调查评估结果》的数据，淮河开发利用率为 53%，辽河开发利用率为 66%，海河开发利用率为 100%，这些河流枯水期基本没有生态流量，大大降低了流域水体的自净能力，加剧了水污染的恶化趋势。

3　水污染类型

水污染可根据污染物的不同分为化学性污染、物理性污染和水病原体污染三大类。

水的化学性污染

水的化学性污染根据污染物性质可分为：

(1)无机物污染。无机污染物是酸、碱和一些无机盐类。此类污染物本身无毒，但能改变水的感观性状和水的酸碱性，腐蚀抽水设备和输水管网。

(2)重金属污染。重金属污染也称有毒无机物污染，主要是由重金属元素汞、镉、铅、铬、锌、铜、锰、钴、镍、锡等金属，以及类金属砷等组成的化合物引起的，重金属的密度都在 5 克/厘米^{3}以上。水的重金属污染物中汞、镉和砷化合物毒性最大。

(3)天然有机物污染。天然有机污染物主要是生活污水和某些工业废水中所含的碳水化合物、蛋白质、脂肪和酚、醇等有机物，它们可在微生物的作用下进行分解。在分解过程中需要消耗大量氧气，故又称需氧(耗氧)有机物污染。水中氧消耗完后，有机物进行厌氧分解，恶化水质。

(4)人工合成有机物污染。污染水体的有机有毒物主要是人工合成的各种有机农药、多环芳烃、芳香烃等。它们的化学性质很稳定，很难被生物所分解，毒性强，有些有致畸、致突变和致癌作用。

(5)植物营养物污染。植物营养物是植物生长所需的氮和磷。含氮、磷丰富的工业废水和生活污水及农田排水中残余的氮和磷，不断排入水循环缓慢的湖泊，促使水生生物(主要是藻类)大量繁殖和生长，使湖泊“富营养化”。湖泊富营养化后，浮游生物因湖水缺氧大量死亡，其遗骸沉入湖底，在缺氧环境被厌氧微生物分解产生甲烷、硫化氢和氨等恶臭气体，而加重湖水污染。

水的物理性污染

水的物理性污染包括悬浮物污染、热污染和放射性污染。

放射性污染是由于在放射性矿藏开采、选矿冶炼、原子能工业及同位素应用的过程中，所产生的放射性废水污染水体所致。饮用受放射性污染的水危害人体健康。

水的病原体污染

水的病原体污染物主要来自生活污水、医院污水和制革、屠宰等工业废水及人畜粪便。病原体分为病菌、病毒和寄生虫三大类，能引起急性肠胃炎、痢疾、霍乱、伤寒、血吸虫病、肝炎等传染病流行。由于水病原体污染 1848 年和 1854 年英国曾暴发过两次霍乱流行，各死亡万余人。

4 水的重金属污染与危害

水的镉污染与危害

镉是一种重金属微量元素，其密度为 8.6 克/厘米^3，地壳岩石中的平均含量为 0.5 毫克/千克，主要以硫化物形式存在于铅、锌和铜矿中。镉在工业上主要用于电镀，还是制造颜料、塑料稳定剂、电池等工业产品的原料。它存在于电子产品中，如手机、电脑等，从机芯到机壳无处不存在。

天然水中一般镉很少，地下水平均含量小于 0.00029 毫克/升，主要同有机物以络合状态存在，不会对人体健康造成危害。我国《生活饮用水卫生标准》规定镉的限量为 0.005 毫克/升。

水中镉的污染物主要来源于含镉工业废水和雨水对含镉矿渣的浸出液的污染。有的污染地区，河水镉含量已达 0.5~0.7 毫克/升，地下水已达 0.2~3 毫克/升，高的甚至达 30 毫克/升。

金属镉毒性很小，但它的化合物毒性较大，特别是镉的氧化物毒性最强。镉的生物积累性强，我国某地在受到镉污染的土壤上种水稻，并用镉污染的水灌溉，产出的大米每千克(干重)镉含量达 1.32~5.43 毫克，是我国卫生标准规定限量(0.2 毫克/千克)的 7~27 倍。

1931 年，在日本神通川流域发生一种长期折磨妇女的怪病。患者大多为中老年妇女，关节疼痛，经常“哎唷哎唷”地呻吟呼叫，病因不明，因此取名“痛痛病”。患者骨骼畸形，步履维艰，极易骨折，甚至咳嗽或打喷嚏也会引起骨折。

据 1968 年日本厚生省发表的对“痛痛病”的研究结果显示，“痛痛病”发病的主要原因是当地居民长期饮用受镉污染的河水和食用受镉污染的河水灌溉种植的含镉稻米，引起体内镉积累，而使肾损害，进而导致骨质软化症。神通川河水污染源是上游一铅锌矿，它排放的含镉选矿废水和尾矿渣污染了河水，水中镉含量达 0.5~0.72 毫克/升。

“痛痛病”易在中老年妇女身上发生，因她们缺钙，钙有对抗镉毒性的作用。国外试验证明，镉还具有生殖毒性，会降低男性 Y 染色体精子的活力，故育龄妇女只生女儿。

类似于日本神通川流域水镉污染事件在我国多有发生。20 世纪 80 年代，我国山西省一山村也发生过类似的“痛痛病”，成年妇女个个都患头痛、骨痛病，且育龄妇女只生女婴而被称为“女儿村”。经调查证实，饮用的井水受附近一座被遗弃铅锌矿污染，井水镉含量高达 30 毫克/升。据 2008 年年底报道，在广东省翁源县也发生镉污染事件，危害性更严重。从一金属矿区流出大量含镉、砷等重金属元素工业废水污染横石河，使沿河上万农民受害，目前有 3000 多人口的上坝村，从 1987 年至今已经有超过 400 人死于癌症，平均每年 20 多人。

日本神通川流域水镉污染事件在我国有关环保类、水资源类、水化学类和公共卫生类的科普读物及教材中都有介绍，为何在我国仍在发生值得深思。加强环保、普及饮用水知识宣传教育非常必要，特别是地方官员更要增强环保意识，杜绝此类事件再发生。

1977 年，全世界产镉近 2 万吨。一块小小的手机镉电池，就能污染三个奥林匹克标准游泳池的水（6600 米^3），为防止镉污染对人类具有强大的潜在威胁，现手机改用锂电池。

水的汞污染与危害

汞是一种稀有的重金属微量元素，它的密度很大，为 13.35 克/厘米^3，在地壳岩石中的平均含量只有 0.083 毫克/千克。金属中只有汞在常温下是呈液态的，似水能流动，色调光亮像银，故称水银，室温下即可蒸发。汞在岩石中多呈分散状态存在，常用汞矿物辰砂(硫化汞)作为提炼汞原料。无机汞化合物有一价的氯化亚汞(甘汞)和二价的氯化汞(升汞)，它们都难溶于水。

天然水中汞很少，我国珠江、长江和松花江三大水系汞的含量为0.0045~0.175微克/升，地下水的平均含量小于0.76微克/升，不会对人体健康造成危害。我国《生活饮用水卫生标准》(GB 5749—2006)规定汞的限量为0.001毫克/升。汞广泛用于氯碱、造纸、电子仪表、塑料、油漆、农药、化妆品和医药等生产领域。水受到上述工业废水的污染，汞含量增加。

地表水中的汞少部分挥发到大气，大部分沉积进入底淤积物中。淤积物中金属汞和二价离子汞在微生物作用下能转换为甲基汞。这种转化称为生物甲基化作用。甲基汞能溶于水，汞再进入水中。甲基汞的毒性比无机汞的毒性大很多倍，并且能通过食物链在生物体内积累。鱼汞实验室浓缩试验测得，鲤鱼和草鱼对无机汞的生物浓缩倍数(鱼汞与水汞的比值)分别为750倍和1000倍，而对甲基汞的浓缩倍数为20万~27万倍，最高可达35万倍。例如，某河流鲤鱼甲基汞的生物浓缩倍数达到20万~23万倍，因此，污染水养的鱼不能食用。

1953年，在日本熊本县水俣湾附近的渔村中，发现了病因不明的中枢神经性疾病患者。因病因不明故以发病地名定名为“水俣病”，到1956年96名患者中有18名死亡。1964

年，新瀉县阿贺野川流域也出现了“水俣病”。患者早期上唇和舌头感觉不灵，口齿不清，四肢麻木，步态不稳，最后发展为精神失常，身体弯曲，在大喊大叫中悲痛地死去。

1968 年，经长期深入研究后找到了病因，是居民喜欢吃的鱼受甲基汞污染引起的。当地一化工厂用无机氯化汞作催化剂生产聚氯乙烯等化工产品，将含汞废水直接排放污染河水。污染河水的无机汞通过微生物作用和生物食物链的积累作用,鱼体中甲基汞得到富集,其含量平均为 4.04 毫克/千克,是河水汞含量的 10 多万倍。

水的砷污染与危害

砷为“类金属”重金属微量元素，密度为 5.73 克/厘米^3，在地壳岩石中的平均含量为 1.7 毫克/千克。砷的主要矿物有砷硫铁矿、雄黄、雌黄和砷石等，此外，砷还是混合物伴生在铜、铅、锌等的硫化物中，煤中也含有较多的砷，一些河流冲积物黏土中也含有较多的砷。

金属砷是一种灰色无光泽的结晶体，不溶于水，几乎没有毒性，但极易氧化成剧毒的三氧化二砷即砒霜。砒霜无臭无味，溶于水。

砷属变价元素,在富含氧的水中三价砷易氧化成五价砷,而在还原环境五价砷能还原为三价砷，三价砷的毒性比五价砷高 60 倍。

一般地表水中砷很少，据斯・什瓦尔采夫的数据，平均 0.5 微克/升，地下水平均含砷 1.95 微克/升，不会危害人体健康。我国《生活饮用水卫生标准》(GB 5749—2006)规定砷的限量为 0.01 毫克/升。

砷化物是农药、医药及日用化工产品等重要的原料，应用广泛。

在砷矿物或含砷金属矿物分布地区，砷可以通过岩石风化进入水中，全球每年从岩石风化进入环境中的砷为 6000~9000 吨，故在这些地方水中砷的含量较高。

在砷矿石和金属矿物的开采、冶炼和含砷化工产品生产过程中都可能发生砷污染，污染空气，污染水。燃烧煤所释放的砷也能污染空气。长期饮用砷含量多的水能引发砷中毒。砷中毒的常见症状为皮肤损伤，包括手和脚的角化症、躯体色素沉淀、皮肤溃烂、皮肤癌等。内脏器官中毒的临床表现也很明显，包括肺部机能障碍、神经疾病等。砷中毒严重的引发肝硬化、腹水及肝癌。

古时砷用于治病、除虫灭鼠，还做兴奋剂和强壮剂。相传我国唐代宫女常服少量的砒霜，可使皮肤白皙富有弹性，有保青春、防衰老的作用。动物试验发现，母羊及羊羔缺砷，均可引发猝死。摄入微量的砷有益于人体健康。

水大面积砷污染的警示

在某些地方，一些以往意识不到的人类活动可引发水大面积砷污染，危害极其严重。

据 2010 年 8 月 6 日《时事快报》报道，孟加拉国全国 1.2 亿人口中有 7000 万人生活在砷污染水的潜在危险中，其中有 2000 万人正在饮用受砷污染的水，近 20 年来有数百万人患上皮肤癌、肺癌、膀胱癌、肾癌和其他疾病，世界卫生组织称其为“人类历史上最严重的大规模污染”。

经过英国、印度科学家的调查研究找到了水大面积砷污染的原因。孟加拉国恒河平原是农业发达地区，土层含砷。农民近几十年来利用受有机物污染的河水灌溉农田，使土壤中有机物增加。有机物分解使氧消耗殆尽，因此土层缺氧而形成还原环境。土壤中存在一种不为人知的厌氧细菌在还原环境中大量繁殖起来，把土层中的砷释放出来并进入水中，因此浅层地下水大面积受到砷污染。还原作用能使五价砷酸盐还原为毒性强的三价亚砷酸盐。

孟加拉国的水大面积的砷污染警示世界，类似的水环境在我国和许多其他国家都存在，如不重视环境保护，这样的水污染事件有可能将在其他地方发生,其严重后果不堪设想。

5 水有机污染与危害

水中天然有机物污染与危害

水中天然有机物主要是指动植物腐烂和动物粪便废弃物分解所产生的大分子有机物，如碳水化合物、蛋白质和脂肪等。有机物可再分为腐殖质与非腐殖质两大类：腐殖质在地面水源中含量最高；非腐殖质主要为蛋白质、氨基酸、糖类等，它们可为生物分解。

◆腐殖质对水质的影响

腐殖质本身无毒，但它是氯消毒副产物的有机前体物。所谓有机前体物指的是水用氯消毒时，能与氯形成氯化副产物的有机物。主要的氯化消毒副产物为三氯甲烷(可致癌)。

腐殖质带负电荷，它与重金属形成溶于水的络合物，从而增加重金属污染物在水中的溶解度,加重水的重金属污染。

◆耗氧有机物对水质的影响

耗氧有机物是有机物非腐殖质部分。许多耗氧有机物本身无毒不危害健康，也比较容易被微生物分解。在氧化环境耗氧有机物的最终分解产物是水、二氧化碳、硝酸根离子和硫酸根离子等，不会恶化水质。但是如果进入水体中的需氧有机物过多，氧消耗殆尽而形成还原环境时，有机物进行厌氧分解，最终生成氨氮、硫化氢、甲烷等气体，将引起水质恶化。更严重的是，还原环境能使无毒性的或毒性较小的高价无机物还原为有毒性的或毒性强的低价无机物，如把毒性弱的五价砷还原为毒性强的三价砷，三价砷的毒性比五价砷高60倍;还原环境能使某些毒性弱的无机重金属污染物有机化，变为毒性极强的有机重金属污染物，如毒性较弱的无机汞变为毒性极强的甲基汞。

◆有机污染物的综合评价指标

溶解氧——溶于水中的氧气，常用“毫克/升”表示。水中溶解氧变化的情况可反映水有机污染物的净化过程，因而可把溶解氧作为评价水自净或污染的指标。

当溶解氧为零时，有机物进行厌氧分解生成氨氮、硫化氢等，恶化水质，使水体发黑变臭。

大多数有机物都能被氧化。在氧化分解中要消耗大量的氧，所以可用氧化过程中的耗氧量作为评价水中有机污染物的指标，常用的有生化需氧量(BOD)和化学需氧量(COD)。

(1)生化需氧量——微生物氧化分解有机物过程中所消耗的氧量，用“毫克/升”表示。

(2)化学需氧量——使用化学氧化剂分解有机物过程中所消耗的氧量，用“毫克/升”表示。

水中人工合成有机污染与危害

人工合成有机物是人工合成生产的有机物。随着工业发展，人工合成有机物种类越来越多，目前已知的在 10 万种以上。

1977 年，美国国家环保局根据有机污染物的毒性、生物降解性，以及在水体中出现的概率等因素，从 7 万多种化合物中，筛选出优先控制的人工合成有机化合物就达 114 种，它们当中有 21 种杀虫剂、26 种卤代脂肪烃、8 种多氯联苯、11 种酚及其他化合物。这些化合物中有些本身有毒性，有些本身有一定的生物积累性，有些有致癌、致畸和致突变作用。

水中人工合成有机污染物种类繁多，毒性强，微量时即显示毒性，危害大。因此，我国从 2007 年开始施行的《生活饮用水卫生标准》(GB 5749—2006)毒理指标中人工合成有机化合物项目增加最多，由《生活饮用水卫生标准》(GB 5749—1985)的 5 项增至 53 项，增加了 48 项，还修订了四氯化碳的指标。

一些人工合成有机污染物还是持久性有机污染物(POPs)。所谓持久性有机污染物是指人类合成的能持久存在于环境中的有机化合物。持久性有机污染物可通过空气、水进行跨越国际边界迁移，并沉积在远离其排放地点的地区，随后在那里的陆地生态系统和水域生态系统中蓄积起来。2001 年 5 月 22 日通过的《关于持久性有机污染物的斯德哥尔摩公约》首批受控名单有 12 种，它们是滴滴涕(DDT)、氯丹、灭蚁灵、艾氏剂、狄氏剂、异狄氏剂、七氯、毒杀酚、六氯苯、多氯联苯、二噁英和呋喃。

持久性有机污染物的危害特性是毒性极强，微量时即显示毒性，如我国《生活饮用水卫生标准》(GB 5749—2006)规定七氯的限量为 0.0004 毫克/升，滴滴涕为 0.001 毫克/升；这些持久性有机污染物易被生物体摄入而在脂肪中溶解，并通过食物链浓缩放大，一实例测得吃鱼的海鸥体中滴滴涕的含量是鱼生活水域滴滴涕含量的 5000 万倍，北极熊体内积聚的有机毒物的含量是它周围环境的 30 亿倍；DDT 极难分解，在自然环境中滞留时间长。

许多持久性有机污染物不仅具有致癌、致畸、致突变性，而且还具有内分泌干扰作用。研究表明，持久性有机污染物对人类的影响会持续几代，对人类生存繁衍和可持续发展构成重大威胁。

水中人工合成有机污染物难以清除。用反渗透膜可以除去它，但同时也把利于健康的矿物质和微量元素也除去了，用活性炭吸附方法最好，但价格昂贵。

6 水的氯消毒污染的危害与消除

为饮水安全卫生，防止急性肠胃炎、痢疾、霍乱、伤寒、肝炎等流行传染病的暴发，自来水厂必须对原水进行消毒处理。我国现多用传统的液态氯或漂白粉作水消毒剂。氯消毒的优点是成本低、效果好，而且直到用户水中还保存余氯继续发挥消毒作用。现行的《生活饮用水卫生标准》（GB 5749—2006）规定与水接触时间至少 30 分钟后，管网末梢水中余氯量必须大于或等于 0.05 毫克/升。根据动物试验和对人体健康的观察资料，余氯不影响人体健康。以前水源污染少，水氯消毒行之有效，很安全，但是当前水污染严重，水氯消毒的安全性受到人们关注。

当氯加入水中时，氯能与水中的有机物腐殖酸和其他有机污染物反应生成三氯甲烷（氯仿）和卤乙酸以及其他的氯化消毒副产物。氯消毒副产物具有明显的致突变作用和强致癌性。动物试验表明，氯消毒副产物可引起雄性大鼠的肾脏肿瘤、肝脏肿瘤。据调查，长期饮用氯消毒自来水的人群，其膀胱癌、结肠癌的发病率较对照组高。若水中含有相当量的溴化物，氯消毒还生成类似的消毒副产物溴仿、溴乙酸等。

在氯消毒副产物的总致癌风险中，非挥发性卤乙酸的致癌风险占 91.9%以上，而挥发性三氯甲烷只占 8.1%以下，氯消毒副产物的致癌风险主要由卤乙酸致癌风险构成。

余氯还能腐蚀水龙头，加速水龙头老化。长期使用不合格的水龙头能导致铅析出污染水。铅是有一定毒性的重金属，能对人神经、造血、消化、心血管、肾脏和内分泌等系统产生危害，铅中毒还可能危及生命。为防止厨房水龙头引起的饮水铅污染，应购买按《陶瓷片密封水嘴》国家标准(GB 18145—2014)生产的水龙头。

为减少水氯消毒副产物的危害，有关部门尽可能选择腐质酸和其他有机污染物少的原水做供水水源。此外特别是农村自备用水户还可安装市售净水器或可自己动手制作家用简易活性炭净水装置。

简易净水装置制作时选用载银椰壳颗粒净水活性炭作滤料，它吸附功能强，不但能吸附水中腐殖酸和及其他有机污染物，消除产生氯消毒副产物的源头，还能吸附余氯、酚、砷、氰化物及重金属等污染物。此外，载银活性炭还能长效抑制细菌、病毒、藻类等物的生长，能防止水再污染。此外，设计的净水装置滤管长500毫米，水渗流路径长，渗流空间大，水与活性炭接触范围广，截留污染物的机会多。因此，此净水装置净水较理想。

家用简易净水装置制作过程：首先在水暖商店买材质为卫生级PVC-U制品：直径50毫米，长500毫米(视厨房水池下隔间宽度而定)PVC管1节，15毫米转50毫米变接2个，15毫米短接2个，15毫米内牙接头2个、胶水1瓶和生料带1盒。再购买载银椰壳颗粒净水活性炭500克(直径50毫米，长500毫米滤管一次性填料量)、8毫米转15毫米外牙变接3个、食品级8毫米PE管2米(截成两段)、8毫米鹅颈水龙头1个和水质电解器1只。

制作时首先把15毫米转50毫米变接胶在PVC-U管两端上，再胶接15毫米短接和15毫米内牙接头，净水装置壳体即做成并清洗干净。小心向净水装置壳体填入活性炭，再用PP棉堵好两端，特别是要堵好出水端。此后再在净水壳体两端接上 8 毫米转 15 毫米外牙变接，另一个 8 毫米转 15 毫米外牙变接接在自来水进水管上，再用 8 毫米 PE 管与净水装置进水端相连，之后再用另一 PE 管连接净水装置出水端和鹅颈水龙头，净水装置即做成。接着开水龙头通水冲洗，直到水清就可使用。

农村家庭用此简易净水装置净化井水，水质得到了显著改善。井水口感稠厚，净化水爽薄。用同体积水样，电解 1 分钟试验自来水电解液呈黄色，水面有少量絮状漂浮物；净化水电解液无色， 水面无絮状漂浮物。对比研究证明，特别是电解试验表明，水污染物被吸附截留，水质得到了显著的改善。

净水活性炭随着使用时间延续，吸污和杀菌功能都会逐渐降低甚至消失。因此，应定时电解观察水色的变化。当净化水电解液颜色有明显变化，快接近自来水时，应及时更换活性炭。更换时，卸下两端变接掏出滤料，清洗消毒再重新填上活性炭即可。

总之，简易家用净水装置制作简单，效果满意，换滤料方便，经济实惠。

7 二次供水污染与危害

由于水压不足，自来水经地面水池由水泵加压送至楼房的高位水箱(水塔)，再由水箱流向用户的供水的方式称为二次供水。

现在我国自来水厂多采用氯消毒。为保证用户用水清洁卫生，水经管网输送至用户时，末梢水中还应含有一定量的氯，以继续消毒。据《生活饮用水卫生标准》，与水接触时间至少30分钟后，用户末梢水余氯含量不低于0.05毫克/升。

在二次供水时，水要在水池水箱中滞留一些时间，氯易挥发，因此水中余氯含量降低甚至完全消失。水中无氯时，微生物就会在水箱大量繁殖而耗氧，使水中硝酸盐还原成亚硝酸盐，同时微生物群在新陈代谢中，会不断产生亚硝酸盐。水中氨基化合物可以通过微生物的代谢活动产生仲胺。亚硝酸盐和仲胺是致癌物亚硝胺的前体。含亚硝酸盐的水，经过加热烧开，其含量还会增高。

在有的水箱中，还发现黑色的絮状漂浮物，此物是水中硫酸盐还原与铁生成的胶硫化铁，它的存在影响水的感官性状。

为防二次供水污染，在条件允许的情况下应尽量采用直供水。不得已采用二次供水时，要根据有关要求，供水设施(包括水箱水池)应每年清洗2次，清洗时间一般定为春夏与秋冬之交。

8 水污染容易治理难

河流湖泊污染发展迅速，一条河流可在数年内被污染，鱼虾不生。但水污染治理却很难。治理受污染的河流湖泊不像把一盆污水倒掉换成一盆清水那样简单，因为污染物还能进入水底淤积物、土壤和生物体内，从而破坏水域生态环境。治理水污染首先要切断污染源，其后就是要经历漫长的水域生态环境的修复过程。许多合成有机污染物难分解，有的合成有机污染物是持久性有机污染物，在自然界中十分稳定，不易被微生物降解，给水污染治理带来很大困难。

20世纪90年代中期，我国开始大规模治理淮河、太湖，分别提出“千里淮河还清”“2000年太湖水变清”“不让污染进入21世纪”等口号。淮河10年治污投资总额超过了600亿元，最后结果却是：千里淮河不见养鱼的，难找捕鱼的，少见吃鱼的；太湖水污染更“触目惊心”，2007年夏太湖蓝藻暴发，引发无锡市无水可用的危机。如今再唱“太湖美，美在太湖水”的赞歌，只会让人有失落惆怅之感。

治理淮河、太湖失败的教训是深刻的，根本原因是污染源不但没减少，反而增加，更谈不上水域生态环境的修复。例如，太湖开始治理时每年进入河道、湖泊的工业废水和生活污水只共约8.6亿米^3，到2000年太湖流域点源污水排放量猛增至53.3亿米^3，是治污前的6倍。

英国泰晤士河全长395千米，其中淡水河段245千米。就是治理这短短的200多千米淡水河段就经历了从1850年开始修建下水道，百年之后的1950年开始大规模建污水处理厂，到2000年大马哈鱼游回泰晤士河，前后150年漫长的历史过程，共耗费了资金300亿英镑(约合人民币3240亿元)。

1931年，在日本发现因神通川水、土壤受到含镉废水污染，而在妇女身上引发的“痛痛病”闻名于世。治理神通川水、土壤镉污染就很费时费力，把受到污染的土全部铲掉、深埋，而治理受污染的水历经数十年后还在继续，目前每天仍要向河水中投放几十千克石灰，让水中镉和石灰(碱性)发生化学反应并沉淀，以继续降低水中镉污染物。

如在我国治理好众多被污染的河流和土壤，该要用多长时间，多少亿元人民币。真有“河水污染一朝，治理百年千金”之感慨。

河流流动速度快，更新周期短，平均为 16 天，治理就很难了，那么治理流动较缓慢、更新周期平均为 17 年的湖泊污染就更难了，治理流动十分缓慢的地下水污染更是难上加难，深层地下水更新周期长达 1400 年，它的污染现阶段几乎是不可能治理的。

第 5 章　水资源危机与水资源保护

1 水资源与我国水资源国情

地球表面71%的面积是海洋，在太阳照射下，大量的水从海面蒸发进入海洋上空，其中部分水汽被气流带到陆地上空。在陆地上空由海洋来的水汽和从陆地蒸发的水汽凝结成雨雪等降到地面。降水中一部分蒸发返回大气，另一部分汇入江河、湖泊，部分渗入地下形成地下水，这些水最终返回大海，从而在海洋与陆地间构成自然界水的大循环。在局部地区(陆地或海洋)进行的水循环称为自然界水的小循环。简单地讲，可把全球以蒸发、降水和径流(包括地表径流和地下径流)的形式，参与全球水循环的总量称为全球的水资源。因此，水资源是动态的流通量，而不是水体的静态储存量，它具有再生性。

全球陆地年平均降水量800毫米，合降水总量118.3万亿米^3，其中60.4%，即71.3万亿米^{3}水蒸发返回大气。这部分水被一些专家称为“绿水”。据估算大约四分之一的“绿水”可被直接用于农业生产。降水中余下的39.6%，即46.8万亿米^{3}水是“蓝水”，构成全球的水资源。必须指出，实际能用的水资源比上述的水量要少，国际上公认的河水流量合理开发利用率为30%，合理开发利用率的上限为40%。

我国年平均降水量648毫米，约合降水总量6.19万亿米^3(不包括台湾省，以下同)，其中56%，即3.47万亿米^{3}是“绿水”，蒸发返回大气层，另44%，即2.72万亿米^{3}水是“蓝水”，参与全国的水循环，构成我国的水资源。

我国年平均降水量648毫米，低于全球陆地平均降水量

800 毫米，因此我国水资源先天不足，是一个水资源贫乏的国家。同时，我国又是一个有着 13 亿人口的大国，人均水资源占有量仅为 2100 米^3，只为世界人均水平的 29.3%。我国西藏自治区水资源特别丰富，达 4482 亿米^3，约占全国水资源的 16.5%。这么多的水资源实际利用的却很少。因此，我国水资源形势严峻，再加上水污染严重，水资源形势更是雪上加霜。

世界上拥有水资源最多的 6 个国家依次是：巴西(5.19 万亿米^3)、俄罗斯(4.31 万米^3)、加拿大(3.12 万亿米^3)、美国(2.97 万亿米^3)、印度尼西亚(2.81 万亿米^3)和中国(2.72 万亿米^3(高前兆，2002))。

2 水资源特征

水资源是天然资源，具有再生性、有限性、分布的不均匀性和使用上的不可替代性。

水资源的再生性和有限性

水资源是参与水循环的水量，因此具有再生性，如果合理开发利用，认真保护，是能为社会持续发展服务的。

水资源是有限的。观江水滔滔奔流不息，听泉水淙淙声声不断，这些向人们传递了一个错误的信息，似乎自然界的水是“取之不尽，用之不竭”的。地球上各水体(海水、大气水、湖水、河水、土壤水、地下水及生物体中的水)在数量上保持不变，即各水体保持均衡。为保持各水体均衡，参与自然界水循环的量是固定的，因此地球上的水资源是有限的。

但是日益严重的温室效应，引起北极和高山部分冰雪消融，海平面上升。这将打破地球各水体的均衡，引起水循环变化，破坏地球上水资源的分配，危害现存的生态环境，其后果是严重的。

水资源分布的不均匀性

受地理环境的影响，全球水资源在空间分布上差异很大，分布极不均匀。全球水资源的65%集中在10个国家里，而占人口40%的80个国家却严重缺水。我国南方水资源较丰富，北方较贫乏。南方水资源总量近22 000亿米^3，为全国总量的81%，人均水量3350米^3，耕地亩均水量4120米^3。北方片水资源总量5200亿米^3，只有全国总量的19%，人均水量1130米^3，只有南方的1/3，耕地亩均水量590米^3，只是南方的14%。

水资源在时间上分布也不均。以11年为一气象周期，丰水年和干旱年交替出现。一年之中有雨季与旱季之分。全国大部分地区雨季四个月的降雨量约占全年降雨总量的70%。雨季的暴雨、大雨往往造成洪水灾害，大量的洪水得不到充分利用而很快泄入海洋；旱季降雨量很少，引起旱灾。

水资源使用上的不可替代性

工农业生产和生活都需用大量的自然资源，如矿物资源、能源、水资源等。能源有许多选择，如可用煤、石油、天然气、核能、水力、风力等。工农业生产和生活都需用大量的水，且只能用水，别无选择，水资源是不可替代的。因此，与其他天然资源相比较，水资源更为珍贵。

3　水资源危机的原因

1972 年的联合国人类环境会议和 1977 年的联合国水事会议就曾向全世界发出警告：“水不久将成为一项严重的社会危机。”

水短缺正在成为 21 世纪最紧张的资源问题。据世界水问题专家科林·查特斯和萨姆尤卡·瓦玛在其专著《水危机》(2011)中指出如今因人口增长、饮食结构变化、生物燃料和气候变化等因素，使曾经充足、近乎免费、任意取用的水，而变得稀缺，成为不断升值涨价的自然资源。

人口增长

全球人口有望从 2009 年接近 67 亿攀升到 2050 年的 90 亿。由于全球水资源 46.8 亿米^{3}是固定不变的，这就意味着人均占有量将变得更少，由 2009 年的 6985 米^{3}减少到 2050 年的 5200 米^3。

我国是人口大国，全国水资源只有 2.72 万亿立方米^2，水资源问题更为突出。新中国成立时人口 5.4 亿，人均占有水资源 5037 米^3。其后由于卫生医疗条件改善死亡率降低和不节制生育等因素，导致人口猛增，虽然 80 年代初国家开始严格推行计划生育政策，但到 1990 年全国第四次人口普查时人口仍然达到 11.327 亿，人均水资源降到 2401 米^3。2005 年 1 月 6 日我国人口达到 13 亿，人均水资源再降到 2092 米^3，是 56 年前的 41.5%。预计 2030 我国人口将达到峰值 14.5 亿，到时人均水资源将降到1876米^3。

评价水资源紧缺程度有多种方法。联合国粮农组织(FAO)提出，维持每人每天生活(饮水和饮食及请洗)的水量为50升，每年18.25米^3。这些水是人们能见到的和体验到的，在人日常生活和接受服务等还要消耗大量见不到的水(虚拟水)。考虑到上述用水，据FAO每人每年用水量1000米^3。

饮食结构变化

社会发展，生活水平提高，饮食消费模式正在从以谷物为主的模式转向为肉类所占比重越来越高的模式。

每种植1卡路里的粮食，平均要消耗的水量约为1升。对于一个素食的人而言，生产每日食物的耗水量约为 2000升，但是如果人饮食中谷饲养肉食含量较高，所需水量约为5000升。据FAO年报告(2006)，世界不同地区饮食结构存在很大差异，例如2001年发达国家肉类消费量约为每人每年90千克，非洲南部国家约40千克，东南亚国家只约6千克。

生物燃料

为减少化石燃料的消耗，在美国、巴西、印度等国发展清洁能源—生物燃料。所谓第一代生物燃料是用大豆、玉米和甘蔗生产的乙醇。目前美国和巴西主要依靠雨养农业(绿水)生产乙醇，而印度主要依靠蓝水灌溉生产。生产生物燃料不仅要占大量土地，还要消耗许多水资源。据马育军等(2010)在北京生产1千克大豆要用水1.54米^3，1千克玉米要用水0.881米^3。

气候变化

人无止境追求物质享受，要在短时期内过多过快消耗数以百万年计的地球历史长河中生成的化石燃料（煤、石油和天然气），使大气中二氧化碳增加很快，气候变暖是必然的恶果。

据政府间气候变化专门委员会(IPCC)，在《气候变化与水资源》的前言中指出“众多观测和气候预测结果为我们提供了充足的证据，表明淡水资源非常脆弱，很可能会受到气候变化的影响，并产生广泛的社会和生态系统后果。”它将使分布在南北极和高山冰雪的加速融化，喜玛拉雅冰川退缩的速度加快。如此巨大的自然水体减小或消失，将破坏地球现有的水均衡格局，引起自然界水循环的巨大变化，水资源在陆地上的分配将“大洗牌”，后果是极其严重的。

4　保护水资源人人有责

改革开放以来，我国经济发展成就巨大，但对环境的损害和水污染也是触目惊心的。保护水资源刻不容缓，保护水资源是全社会的责任，是每个人的责任。保护水资源应首先从我做起。

保护水资源从老子教导做起

2500多年以前老子就深刻指出：上善治水，水善利万物而不争。老子教导百姓用上善之心去感恩水和爱护水，教导官员用上善之心去治理水，这样水就能以其固有的德性服务人类、服务万物，社会就能安宁和谐，就能持续发展。

保护水资源从官员做起

2007年联合国报告称，全球很多地方正在面临水资源危机，水资源开发与管理不善是危机的重要原因。显然从事这方面工作的政府官员是应负责任的，因此保护水资源首先应从政府官员做起，特别是负有责任的官员，他们是决策者，责任重、影响大。

环保官员做好环保工作，既是责任，也是贡献。四川省宜宾市泯江边，距三江（长江、金沙江和岷江）口不远的东水门口立有一石碑，名曰“县正堂李示”石碑（图5-1、图5-2），上书：

东关水门　禁倒污秽　就近居者

各宜遵守　倘敢故犯　立即重罚

图5-1　“县正堂李示”环保碑（左，1664年立）及碑注（右，1999年立）（摄影　贺大印）

此碑为环保碑，在清朝康熙三年为宜宾知县李校长所立。李知县重视环境保护和防止水污染的精神可嘉，值得子孙后代怀念，是当今政府官员学习的榜样。

图 5-2　宜宾市东水门环保碑立碑处（摄影　贺大印）

我国为了保护水资源和加强水资源的管理工作，在2008年第十一届全国人民代表大会第一次会议上通过了国务院机构改革方案，把国家环保总局升格为环境保护部(简称环保部)。全国人民对环保部寄予厚望，希望环保部排除万难，为人民造福，为子孙造福，保护好环境，保护好水资源。

保护水资源从企业做起

保护水资源应从企业做起，因为很多企业在生产的同时也在制造污染。如果企业在发展经济同时也保护了环境，就为社会健康发展做出了重大贡献。

保护水资源从我做起

保护水资源人人有责，应从我做起，首先生活上要节约用水，特别是就餐时不浪费食物，因为食物是用大量的水生产的。

保护水资源人人有责，还应表现在社会监督上，其中包括对政府、官员的监督，对企业乱排污的检举揭发。作为民意代表的人大代表和政协委员责任更重大。

5 新水源与替代水源

为解决水资源危机，科学家和各国政府都在努力开辟新水源和寻找替代水源。新水源和替代水源的寻找主要有以下几种。

建坝拦洪

雨季时暴雨、大雨往往造成河流洪水，约占河水流量

40%的洪水很快流入海洋，不能利用。为了减少洪灾危害和利用洪水，在河流适当位置筑坝拦洪储水。目前，全世界已建库容为1亿米^{3}的大型水库45 000座。据2014年王浩院士讲话，中国的水库总库容只占年径流量比例的22%，约6000亿米^{3}水。水库的总库容美国是66%，西欧是90%，北欧是95%。

跨流域调水

水资源分布不均匀，可从富水流域向贫水流域实行跨流域调水，即“劫富济贫”。我国长江以南水资源丰富，而以黄河流域为中心的华北地区水资源贫乏。为解决华北地区农业、京津等大城市的严重缺水问题，南水北调工程势在必行。

南水北调工程分东线、中线和西线，预计投资4860亿元，从长江年调水448亿米^3，相当于长江水量的4.7%。受益的北京、天津、河北、山东和河南五省（直辖市）水资源总量将增加43%。

收集雨水

为增加水源可把降雨形成的屋面水、地面水收集起来，用于绿化、洗车、清洁环境等。

新加坡是一个城市岛国，降雨充沛，年降雨量在2000毫米以上，但雨水形成的坡面流迅速流入大海，没有多少河水和地下水可利用。因此，它是一个降雨量丰富的贫水国家。新加坡从房屋周围、路旁开始沿房屋、坡面建设完整的集水和输水沟渠系统，雨水沿沟渠集中流入蓄水池。遍布全岛的14个蓄水池收集雨水，用作水源。在新加坡，大范围分布的雨水集水、输水沟渠系统清洁无污物，此种爱护公共卫生的国民素质令人敬佩。

我国徐州市严重缺水，该市利用山丘环形截水沟、平原深沟拦截雨水，用于灌溉和渗入地下补给地下水。

海水淡化

海水每千克含盐 34.7 克，为咸水，只在淡化处理后才可以用作生活饮用。2010 年，全世界有海水淡化装置 12 500 座，海水淡化的日产量已经达到2700万吨,并且还在以10%~30%的速度攀升，为全球1.5%近1亿的人口提供饮用水源。海水淡化主要在能源丰富盛产石油的波斯湾国家，沙特阿拉伯在海水淡化方面居世界第一位。

海水直接利用

海水在工业上可直接利用作冷却用水，在生活上可用于冲洗厕所。日本工业用水总量的80%是海水，海水直接利用量每年超过2000亿米^3;美国工业用水的1/3是海水,达1000多亿米^3。

2004 年，我国直接利用海水共计 234 亿米^3，主要作为火电、核电厂的冷却用水。香港的绝大部分家庭都使用海水来冲洗厕所，海水的使用现在占全香港消耗水的15%。

中水利用

“中水”名源于日本，其水质介于自来水(上水)与排入管道内污水(下水)之间，故名为“中水”。“中水”主要是指城市生活污水经处理后达到一定水质标准的，可在一定范围内重复使用的非饮用水。在美国、日本、以色列等国，厕所冲洗、园林和农田灌溉、道路保洁、洗车、城市喷泉、冷却设备补充用水等，都大量地使用“中水”。

以色列是在“中水”利用方面最成功的国家。以色列水源奇缺，人均水资源占有量仅为476米^3。以色列100%的生活污水和72%的城市污水得到了回收再利用。全国污水处理后所得“中水”总量中46%直接用于灌溉，34%回灌地下补给地下水，20%排入河道。

新加坡每天有数千万升经过深度处理的“中水”已经加到蓄水池里和收集的雨水混合后，再经处理后进入供水管网中，供居民生活饮用。与此同时，更多的“中水”被运送到半导体工厂供工业用。新加坡人给他们的“中水”起了一个很有趣的名字“新生水”(NEWater)，取“废水重获新生”之意。

向大气要水

在久旱天空出现较厚云层时，可利用高炮、火箭、飞机等运载工具将凝结核如碘化银适量散播在云层中，促使云雾凝结成水滴，形成人工降雨。我国许多地方在干旱暑天曾多次实施过人工降雨，不但解决了农作物干旱缺水问题，而且起到了降温作用，深受百姓欢迎。

拦雾凝水

南美洲沿海的山区缺水，居民把特制的网片支挂在经常出现雾的地方，尤其是在从海上漂来云雾的通道上，雾滴在网上凝结成水，再汇集起来供居民饮用。一张网片每天可集400升水。

向冰山要水

南极大陆约98%的地区覆盖着平均厚度2000米的冰层，每年有1万多座冰体从冰层分裂滑向海洋，漂浮在海上，总重量达1万亿吨，相当于我国用水量的2倍。据专家计算，如把一座面积为2.5千米^{2}的冰山，拖运到澳大利亚，可供一个100万人口的城市两年的生活用水，其费用比打井取地下水还低，如果拖运到非洲，只相当于海水淡化成本的四分之一。

6 新认知的绿水资源

绿水与绿水资源

1995年，瑞典斯德哥尔摩国际水资源研究中心专家马林·福尔肯马克，首先把降落在陆地生态环境中的大气降水分为绿水和蓝水。所谓绿水，主要是指植物根部土壤存储的雨水。绿水概念是相对于河流、湖泊和地下含水层中的蓝水而言的。大气降水入渗土壤，经植物根部吸收上升至叶面通过森林、草地、湿地和农作物叶面的蒸发蒸腾以水汽形式返回大气，再生成降水返回陆地构成陆地水垂向小循环，形成可持续使用的绿水资源，尤其是雨养农业的重要水资源。绿水是不可见水，只供农林种植用；蓝水是可见水，可供生活饮用水和工农业生产用水。

马林·福尔肯马克提出的绿水概念丰富了传统水资源的

范畴，更新了水资源的思想，具有很重要的科学意义和社会意义，在缓解世界水资源危机和保证粮食安全等国际重大问题将发挥积极的作用。

绿水的农业种植效应

绿水不是纯水，是溶有无机盐和植物养料的溶液。植物根部从土壤吸收绿水，输向叶面蒸腾并散失到大气中，它不但为植物生长提供矿物质和养分，还可降低叶面温度，使叶子在强光下进行光合作用而不致受害。蒸腾作用丢失的水量是很大的，因此农林作物要消耗大量水资源，生产 1 千克粮食要用水 1 米^3。

绿水概念推出的时间不长，“绿水”对于人们来说还是一个陌生的名词，其实在我国南方山区农民世世代代从事的农耕就是无蓝水灌溉的绿水种植，如重庆川东峡谷地区。重庆以下长江进入延续数百千米的峡谷地带，两岸山高坡陡，土地贫瘠。降水虽然充沛达千余毫米，但降水多形成蓝水泄入长江，只有少部分入渗土壤生成绿水。山区农民只能因地制宜靠土壤中绿水种植玉米、薯类等抗旱作物为生。旧社会时风调雨顺年可能丰收；平年勉强糊口，生活贫困；干旱年颗粒无收，常闹饥荒饿死人。

绿水少受污染。在少污染的土地上绿水作物是有机食物，难能可贵。

绿水资源开发先例

云南红河哈尼族梯田不仅是值得观光的风景，还是绿水资源开发先例，学术意义重大。

红河哈尼族梯田位于云南省南部元阳县红河南岸。元阳县土地全为高山坡地，无一平川，亚热带气候，降水充沛，年平均气温 24.4℃，年平均降雨量 1400 毫米。元阳县有梯田 180 万亩，从红河谷海拔 300 米至 2000 米山巅呈多级层叠分布，梯田级数 3700 多级，梯田水深保持 20~25 厘米^3，总蓄水量约 3 亿米^3。

红河哈尼族梯田在交通不便的哀牢山中沉睡了 1300 多年，在 20 世纪 90 年代终于被唤醒了，其层层叠叠、蜿蜒曲折、云雾氤氲、金光灿灿、让人折服的魅力才展现在世人面前。1995 年，法国人类学家欧也纳博士来元阳观览老虎嘴梯田，面对脚下波光粼粼的万顷水田，欧也纳博士激动不已，久久不肯离去，他称赞道：“哈尼族梯田是真正的大地艺术，是真正的大地雕塑，而哈尼族就是真正的大地艺术家！”

2010~2012 年，云南省大旱，农作物大批枯死，人畜饮水困难。大旱也波及元阳县，但梯田却是另一番景象：水流不息，农田一片生机盎然。久旱无雨，怎样获取水呢？从哈尼族人的信仰和智慧就能得到答案。首先，哈尼族人热爱森林，崇尚树神，森林与他们生活息息相关。其次，哈尼族先人为扩大生存空间，通过建梯田横向展扩斜坡土地空间，有利于土地开发利用。在红河南岸方圆 300 千米^2 的土地上有梯田 180 万亩，约合 1200 千米^2 水面，相当于半个太湖水域的面积。河谷坝区气候炎热，蒸发蒸腾作用强烈，生成大量水汽变成云雾上升到空中，凝聚成降雨，形成溪涧水流、地下潜流和森林水库，哈尼族人再建水沟拦水流入梯田。每个村都有一位管理水和分配水的“沟长”。沟长用一长木锯锯成不同宽度的进水槽口，大槽口对大梯田，小槽口对小梯田，这叫“木刻分水”。蒸发—降雨构成陆地垂向水的小循环，形成可持续使用的绿水资源。“绿水”概念直到20年前才由瑞典斯德哥尔摩国际水资源研究中心专家马林·福尔肯马克提出，而哈尼族建梯田开发绿水资源已有1300多年的历史。哈尼族人开发梯田的超人智慧令人折服。

2013年联合国教科文组织第37届世界遗产大会上，红河哈尼族梯田以其森林、水渠和木刻分水构成可持续的良性生态环境而被列入世界遗产目录，成为我国第45个世界遗产。

农作物耗水量蓝水和绿水的比例研究

农作物种植要消耗大量水资源。马育军、李小雁等研究了北京冬小麦、水稻、玉米、薯类和大豆五种主要粮油作物的多年水资源平均消耗量，其中大豆耗水量最多，为每千克1.54米^3；玉米最少，为每千克0.88米^3。他们还对2007年北京农用水(9.28亿米^3)中绿水和蓝水比例进行了细分研究。在考虑土壤水储存条件下，假如作物逐旬需水量满足程度100%时，农业耗水量中绿水占33.82%，蓝水66.18%，绿水约占1/3，蓝水约占2/3，以蓝水为主；假如作物逐旬需水量满足程度下降为50%时，耗水量中绿水占比例上升为65.95%，蓝水下降为34.05%，绿水约占2/3，蓝水约占1/3，以绿水为主。此项研究结果表明，绿水在作物生长中起着重要作用，大力开发绿水资源和发展雨养农业，有助于解决水资源危粮食安全等重大国际问题（马育军等，2010）。

7 虚拟水

什么是虚拟水？

如果你随便问一个人，你家上个月用了多少水，他肯定回答，根据抄表通知单用了多少立方米水。水表显示的用水量是能看到的、感觉到的水。其实上个月真正消费的水远比这个多得多，如供人衣食住行等方面的物品在生产时和享受服务时都要消耗大量水资源。1993 年，英国学者约翰·安东尼·艾伦把这些消费者在享用时感觉不到的水称为“虚拟水”，虚拟水准确的定义是生产物品和服务中所需要的水量；1 千克稻米含虚拟水 1~1.5 $米^3$，1 千克牛肉含虚拟水 15~30 $米^3$，1 千克鸡肉含虚拟水 3~4 $米^3$，1 台台式电脑含虚拟水 1.5 $米^3$，1 条斜纹牛仔裤含虚拟水 6 $米^3$。约翰·安东尼·艾伦因提出虚拟水概念荣获斯德哥尔摩水奖。

虚拟水特征

虚拟水有三个特征：一是非真实性，不是真正意义上的水；二是社会交易性，是通过商品贸易来体现的水；三是便捷性，虚拟水以“无形”的形式存在于商品中，相对于实体水而言便于运输，有利于缓解水资源分布不均的矛盾。

大运河——我国历史上虚拟水北调大通道

中国大运河举世闻名，北起北京，南至浙江绍兴，全长

2700千米，始建于公元前486年，是世界上开凿最早最长的人工河流，2014年被列入世界文化遗产名录。

江海行舟是古时最便捷的交通运输方式。我国腹地河流均自西向东流入大海，南北天然水运不通。华夏先人明智地在我国东部平原开凿大运河，弥补水运南北受阻天然障碍，沟通了海河、黄河、淮河、长江和钱塘江五大水系。因此，大运河是我国南北交通运输的大动脉，是富庶南方农产品（主要是粮食）北运大通道。

历史上我国大多朝代定都北方，北部城市发达，商品粮需求量大。1840年鸦片战争前我国防务重心在北边，因此建了万里长城。北边屯兵更加大北方军粮的需求。我国产粮区在南方，于是政府在南方大量征粮通过大运河运往长安、汴京、北京等大城市。于是大运河成了南水（虚拟水）北调大通道。据历史资料，唐朝时运粮由唐初的20万石，逐渐增大到400万石，最高达700万石，明清时年均运粮量约400万石。如以唐朝时最大运粮700万石计算相当于每年数亿立方米虚拟水北调，也就是约十分之一的太湖水（蓄水量为44亿米^3）被调到北方。

现今，通过商品粮解决水短缺问题是国际粮食贸易的目的之一，意义重大。

中东地区传统的虚拟水贸易

地中海南部至中东是缺水地区，养活当地百姓的农产品无水生产，只得靠进口。进口的这些农产品，估计要用860亿米^{3}水生产，这相当于尼罗河的水资源。因此，当地人说，这是他们需要的第二条尼罗河。进口粮食和肉食比进口水要省运力，经济得多。

8 水资源开发保护的战略要点

第一，大力加强水知识科普宣传教育，让受水恩惠的人们认识水，不做“水盲”（“水盲”一词首先由北京公众健康饮用水研究所所长李复兴教授提出）。

第二，大力度依法严惩水污染肇事者，对环保工作渎职的官员也要严格追责。我国环境保护工作强调了好多年，但成效不明显，环境在继续恶化，水污染现状惊人。

水污染未能有效扼制与我国环保执法不严有关，据 2015 年 3 月 2 日《京华时报》报道，时任环保部部长陈吉宁说：“把环保执法过软翻过来，过去环保执法过松过软，环保不守法是常态”。

水污染恶果任何人都逃不了。莫言先生说得好：“地球人都在一条船上，如果船沉了，无论你身穿名牌、遍体珠宝，还是衣衫褴褛不名一文，结局都是一样的。”

第三，严格根据我国水资源状况科学布置粮食种植结构和调整主食结构。在缺水地区多种植抗旱农作物，把马铃薯作为稻米、小麦和玉米之后第四主食。薯类不但抗旱，还高产、富营养。

第四，大力开发新认识的绿水资源。积极开展有利于土壤水储存的植树造林、土地深耕、梯田耕作和土壤改良等水土保持工作，以增加绿水资源。科学研究证明，农作物生产量越大，蒸腾量、降水量就越多，就越利于雨养农业的发展。

第五，发展虚拟水国际贸易。为缓解我国水资源短缺和保证粮食安全进口粮油。据海关统计，我国2014年进口谷物1951万吨，出口大米47.8万吨。由于我国饲用蛋白粕需求快速增长，大豆进口量连续第十年增加，2014年进口大豆达到7140万吨。生产这些进口谷物和大豆约要1100亿米^{3}用水(绿水、蓝水)是黄河水(蓝水)资源535亿米^{3}的两倍多。

第六，虚拟水给出一个重要的启迪，节约用水不应只着眼于生活用水上，更重要的是减少餐桌上的浪费，因生产食物要用大量的水，农业是用水大户，生产1千克粮食耗水1米^3，生产1千克肉食耗水1~2米^3。全国每年用水总量中，近2/3用于农业生产，解决吃饭问题。如浪费一口饭就等于浪费一小桶水；扔掉一块肉，就白白倒掉了一大桶水。据电视公益广告，“我国一年餐桌上浪费的粮食价值2000亿元人民币，够2亿人吃一年”。若按人年均消费口粮120千克计算，一年糟蹋粮食就达240亿千克，如按生产1千克粮食用水1米^{3}计算，生产这些粮食要用240亿米^{3}水(绿水、蓝水)，约是南水北调中线调水工程年调水(蓝水)量95亿米^{3}的2.5倍。

第6章 饮水知识与饮水健康

1 饮用水的安全卫生要求

为预防传染病、流行病及中毒的发生，保证饮用者健康，必须对原水进行处理。处理后的水质应符合卫生部制定的《生活饮用水卫生标准》。

随着水污染加剧，水检验技术的发展和生活水平的提高，《生活饮用水卫生标准》的检测项目在不断修订和增加。我国于1959年颁布了第一个饮用水水质标准，只有6项水质检测指标；1976年修订的水质标准指标增加到23项；1985年开始执行的《生活饮用水卫生标准》(GB 5749—1985)(以下称85标准)，水质监测项目共35项；从2007年开始施行新的《生活饮用水卫生标准》(GB 5749—2006)(以下简称06标准)共规定了106项检测项目，比85标准规定的35项检测项目增加了71项，修订了8项；06标准的检测项目与国际标准接轨。根据06标准以下分组介绍饮用水的安全卫生要求。

感官性状指标和一般化学指标要求

感官性状指标共4项，即色、浑浊度、臭和味、肉眼可见物，06标准修订了浑浊度。

生活饮用水要求水无色、透明、无异臭和异味及肉眼可见物。透明度用浑浊度评价，由85标准规定的限值3度修订为1度。当水中出现颜色，或透明度降低，或有异臭和异味及肉眼可见物时，则表明水含有杂质或已受到污染，饮用者就会对该水产生厌恶感，出于人的自我保护意识而不愿饮用甚至拒绝饮用。

一般化学指标是对水化学性质的评价。06 标准规定的一般化学指标共 16 项，其中新增了 5 项。

总硬度的限值为 450 毫克/升（以碳酸钙计）。水的硬度过高，如用以烹调食物，会降低营养价值；硬水煮沸时，易在容器中形成水垢沉积物，增加能量消耗；硬水不利于洗涤，浪费洗涤剂。饮用硬水，亦对健康不利。一般饮硬度为 50~200 毫克/升（以碳酸钙计）的水较为合适。

铝、铁、锰、铜、锌的限值为 0.1~1 毫克/升。对钠、硫化物、氯化物、硫酸盐、挥发酚类和阴离子合成洗涤剂也都做了限制。上述项目中有些含量过高能影响水的感官性状，有些能损坏抽水和输水设备，有些还能影响人体健康。铝含量过高能影响儿童的智力发育和引发阿尔茨海默病，钠含量过高会增加高血压的发病率。

溶解性总固体的限值为 1000 毫克/升，它是评价水质好坏的重要指标。溶解性总固体过高，水中硫酸盐或氯化物就多，水的硬度就会高或钠增多。

由于水有机污染加重，新增了耗氧量和氨氮两项指标，它们是评价水有机污染的重要指标。

毒理指标要求

许多化学物质毒性很强，必须严加限制，因此在 06 标准中增加了许多毒理指标。毒理指标中的无机化合物由 10 项增加到 21 项，并修订了砷、镉、铅、硝酸盐 4 项。水中许多有毒无机物，在微量时就显示毒性，因此如铊的限值规定为

0.000 1 毫克/升，汞为 0.001 毫克/升，铍为 0.002 毫克/升，镉、锑为 0.005 毫克/升，砷为 0.01 毫克/升。06 标准中，硝酸盐从 20 毫克/升修订为 10 毫克/升。硝酸盐虽无毒性，但从饮水和食物(主要是蔬菜和腌、熏肉等)中摄入的硝酸盐，在胃肠道中的某些细菌作用下，可转化为亚硝酸盐。亚硝酸盐还通过胃肠道吸收后进入血液，能将血红蛋白转成变性血红蛋白，使血液不再有输氧功能，严重时可引起缺氧症状，甚至窒息死亡，特别是对婴儿的生命威胁最大。水经过加热烧开后，亚硝酸盐含量还会因此而增高，若亚硝酸盐在体内积累，往往会给人带来血液性疾病。部分亚硝酸盐在特定条件下可能转化为亚硝胺，这是一种致癌物质。

毒理指标中有机物增加最多，由 5 项增至 53 项，还修订了四氯化碳。这是因为随着科技发展，人工合成有机物进入水体的种类多、毒性大、难分解，对人体健康危害性大。一些人工合成有机污染物是持久性有机污染物，如 DDT、七氯、呋喃等，其稳定性高、难分解，毒性极强，对人类生存繁衍构成重大威胁。持久性有机污染物微量时即显示毒性，因此新标准规定七氯的限量为 0.0004 毫克/升，DDT 0.001 毫克/升，呋喃 0.007 毫克/升。

消毒剂指标要求

为防止流行病暴发，必须对原水进行消毒处理。06 标准对饮用水消毒剂指标由 1 项增至 4 项，增加了一氯胺、臭氧和二氧化氯。氯气及游离氯制剂仍是常用的消毒剂，为保证用水安全，规定与水接触时间至少 30 分钟后，管网末梢水中余氯量≥0.05 毫克/升。

微生物指标要求

水是微生物广泛分布的天然环境。为防止流行病的暴发，饮用水不得含病原体。

06 标准中微生物指标，由原总大肠菌群和菌落总数 2 项和新增大肠埃希氏菌、耐热大肠菌群、贾第鞭毛虫和隐孢子虫 4 项组成，并修订了总大肠菌群项。贾第鞭毛虫和隐孢子虫会引起腹泻、发热。

由于对各种病原体的检测技术十分复杂而且难以进行，因此常用总大肠菌群做指示菌，评价水微生物污染的程度。水中大肠菌群本身无毒性，主要来自人畜粪便污染，易检出。大肠菌群对消毒剂氯的耐受性较弱，故 06 标准修订了总大肠菌群项，把 1 升水样中总大肠菌群不得大于 3 个，修订为在任意 100 毫升水样中不得检出，并规定，当水样检出总大肠菌群时，应进一步检验并规定不得检出大肠埃希氏菌或耐热大肠菌群。当水样未检出总大肠菌群时，不必检验大肠埃希氏菌或耐热大肠菌群。

放射性指标要求

地球本身含有放射性元素：铀、镭、钍和氡。自然界中一切生命体都含有放射性物质，但水平很低，不会影响人体健康。在放射性矿床分布地区和受放射性物质污染的地区，水放射性可能较高，会危害人体健康，因此必须对水源地进行放射性评价。

06标准评价水放射性指标有总α放射性和总β放射性，规定：总α放射性的指导值为0.5贝克勒尔/升，总β放射性的指导值为1贝克勒尔/升，当放射性指标超过指导值时，应进行核素分析和评价，判定能否饮用。

2 饮用水的选择

天然水

天然水应该是自然界中远离或少受人类活动干扰的水；水源取自泉水、深层井水或地表水；水中含矿物质和微量元素；水清洁安全卫生，水质符合现行的《生活饮用水卫生标准》。城市供水系统或公用供水系统的水不是天然水。

俄罗斯贝加尔湖水是天然水，湖水洁净、透明度高，可以清楚看到水面下的鹅卵石，透明度深达 40.22 米。湖中大量的钩虾等生物能分解水藻和其他水生生物的尸体，因此湖水自净功能强。贝加尔湖属于贫营养湖，水中氮、磷等营养元素含量很低。这么多未受污染可直饮的水是一笔巨大的、十分宝贵的天然财富。

贝加尔湖水清洁卫生，无污染，按我国地面水质标准，湖水属于最好的Ⅰ类水，只需滤去水中的浮游生物，就可以直接饮用。

天然水与饮用天然矿泉水是有区别的，主要差别在于前者对于矿物盐、微量元素和特殊气体组分含量没有要求。

由于人类活动干扰和水污染加剧，天然水越来越少，天然水便成为稀贵的自然资源。低钠重碳酸钙镁型天然水最受欢迎，此种水钠含量小于5毫克/升，有利于防止高血压，这种水矿物质适量，钙、镁有增强心肌的功能，水微甜可口，口感好。

饮用天然矿泉水

◆天然矿泉水的特征和要求

天然矿泉水是大气降水渗入地下经深循环后形成的一种特殊的地下水，它与岩层接触范围广、接触时间长，可充分溶解岩石矿物中的可溶矿物，因此含有较多的矿物质和微量元素。天然矿泉水清洁卫生，是十分宝贵的天然资源，在水污染严重的今天更显得其价值重要。

瓶装天然矿泉水应具有如下特征：它是从地下深处自然涌出的泉水或从钻井抽出的地下水；或矿物盐含量达到1000毫克/升以上，或游离二氧化碳含量达到250毫克/升以上，或对人体健康有益的微量元素含量如偏硅酸、锂、锶、锌、碘和硒达到界定量以上；水质符合06标准；在通常情况下，其化学成分、流量、水温等相对稳定，瓶装水的保质期为一年，保质期内水的外观和口感无变化；为保证矿泉水纯天然性，除特殊允许外，不得添加任何物质。

天然矿泉水如果有两项及两项指标以上达到界定量，就是优质天然矿泉水。

◆我国天然矿泉水的主要类型及健康意义

我国市场上销售的天然矿泉水以含锂、锶和偏硅酸为主。

锂、锶和硅是人体必需的微量元素，常饮这些类型矿泉水有利于身体健康。

含锂矿泉水——水中锂的含量必须达到 0.2 毫克/升以上。锂有镇静安神、预防心血管疾病的作用。锂还可使中性白细胞增多及吞噬作用增强，提高人体免疫功能。锂还能刺激机体产生肿瘤坏死因子，有抗癌作用。

含锶矿泉水——水中锶的含量必须达到 0.4 毫克/升以上。锶为亲骨性元素，直接参与钙代谢，具有生骨、壮骨功能。锶还能疏通血管，恢复其弹性，从而具有预防高血压、冠心病的功能。

含偏硅酸矿泉水——水中偏硅酸的含量必须达到 25 毫克/升以上。偏硅酸对人体动脉硬化具有软化作用，对心脏病、高血压、动脉硬化、神经功能紊乱、胃病及胃溃疡等患者都有一定的保健作用。它还有强壮骨骼、促进生长发育并且有防癌抗衰老的功能。偏硅酸还是人体皮肤结缔组织、关节软骨和关节结缔组织中必需的元素，具有增加皮肤弹性的功能。经常饮用富含偏硅酸的矿泉水，可使皮肤保持光泽、白皙、细嫩。

◆天然矿泉水臭氧消毒的副作用

由于环境污染，有些矿泉水可能也受到影响，同时矿泉水在生产装瓶过程中还可能发生二次污染，为满足《饮用天然矿泉水标准》(GB 8537—1995) 对每毫升菌落总数限定为 50 个的规定，生产厂家常用臭氧 (O_3) 对瓶装天然矿泉水进行消毒处理。正常情况下，水中不含溴酸盐，但在臭氧消毒过程中，臭氧能将水中的溴化物氧化为溴酸盐，如产生能溶于水的碱金属溴酸钠($NaBrO_3$)和溴酸钾($KBrO_3$)。溴酸盐在国际上被定为2B级的潜在致癌物。

有的厂家使用臭氧过量，所产生副产物溴酸盐超过 06 标准规定的限值为 0.01 毫克/升，如长期饮用将影响人体健康。饮用含有微量溴酸盐的饮用水，短期内不会对饮用者的身体健康带来危害，但是长期饮用溴酸盐含量高的水，将增加癌症的患病率。

◆天然矿泉水新标准的要点

2009 年 10 月 1 日起实施《饮用天然矿泉水标准》(GB 8537—2008)新标准。为防止臭氧消毒产生的不良后果，新标准最重要的变化在于，删除了溴化物界限指标和菌落总数微生物指标，并规定溴酸盐的限值为 0.01 毫克/升。为防止删除菌落总数指标发生的不良后果，新增加了粪链球菌、铜绿假单胞菌和产气荚膜梭菌 3 项微生物指标。

纯净水

国家标准的纯净水定义是：以符合 06 标准的水为原料，通过电渗析法、离子交换法、反渗透法、蒸馏法及其他适当的加工方法取得的，密封于容器中，且不含任何添加物可直接饮用的水。

超纯水(也称纯净水)是美国科技界为了研制超纯材料，应用反渗透膜超临界精细技术制造的水。反渗透膜的微孔十分细微，只允许水分子通过，水中污染物细菌、病毒、有机物、重金属和其他矿物质全被拦在膜外。此种纯净水是不含任何杂质、十分纯净的水。但美国、日本、西欧各国等从来没有把超纯水纳入饮用水范围。

100 多年前，蒸馏水在英国首先直接饮用，造成人的体质下降，后来许多欧洲国家规定蒸馏水不能用作饮用水。

纯净水是一种远离大自然在工厂生产的“人造水”，与天然水比较它有以下缺点：一是不含矿物质；二是纯净水具有极强的溶解能力，大量的纯净水摄入体内，可溶解体内矿物质、微量元素和营养素，然后排出体外。因此，饮纯净水弊多利少，长期饮用不利于健康，特别是对发育中的少年儿童有比较突出的副作用，危害更大。

直饮水

直饮水是利用纳米过滤膜特有的选择透过性，滤除自来水中有机物、细菌和病毒，保留水中有益于人体健康的微量元素，再经臭氧或紫外线消毒处理后，可直接生饮的水。

在发达国家直饮水早已深入寻常百姓家。在美国、加拿大等国家的住宅小区除了有自来水管道，另铺有专门输送直饮水的管道到用户，打开水龙头就能喝水，这就是管网直饮水。

此外，还有小区直饮水和家庭终端直饮水。

管网直饮水必须另铺设卫生级市政输水管网，投资很大。因此，目前在我国管网直饮水很难实现，我国还没有一座管网直饮水的城市。

2010 年上海世界博览会直饮水为成千上万的参观者提

供饮用水而深受欢迎。世界博览会在展期为游客免费提供安全卫生直饮水15万吨，如果改饮瓶装水，要消耗瓶装水2.73亿(550毫升装)瓶，不但为游客节约大量资金，还减少资源消耗，有很大的环保价值。发展直饮水一次性投资大，但长远的经济效益、社会效益高。

小区直饮水是在小区装上中央水处理器，对水进行深度处理后再用卫生级输水管分流到用户，成本仍然很高，也难以推广。

家庭终端直饮水是在通过安装在厨房的净水器净化自来水而得的。早在20世纪80年代，家庭净水器就已出现了，只不过早期的产品有因结构简单过滤有害物质不彻底等缺点。现在我国新一代家用终端净水器技术已经成熟，采用一种新颖的膜分离技术，它可以拦截水中的细菌、病毒、铁锈、藻类、胶体等有害物质，保留水中有益的元素，使水保持适中的硬度，使用经济实惠。在美国、日本等发达国家和地区有85%以上的家庭在厨房安装有直饮机。

家用净水器价格不高，但售后服务难以保证，更新滤芯花费大，消费者有顾虑，应引起厂家关注。

凉开水

水煮沸后放入水瓶，盖上冷却到20~25℃时，就得到凉开水。凉开水有很多优点：水加热煮沸时，体大笨拙的大水分子团被分割成体小轻盈的小水分子团；水加热煮沸时，水中的微生物被高温杀死，可预防传染病；凉开水保留部分有益人体健康的矿物盐和微量元素；凉开水不含糖，不含任何人工合成添加剂，凉开水清洁卫生，是廉价随处可制作的饮用水，深受百姓欢迎。

美国的一项研究表明，凉开水的表面张力、密度、黏滞性、电导率等理化特性都发生了变化，具有很强的生物活性，与生物细胞中的水十分接近，因而凉开水易于进入细胞有利于机体新陈代谢。

由于经济等方面的原因，90%的水厂仍在采用20世纪初形成的氯消毒方法对原水进行处理。此方法只能对物理污染和微生物污染进行净化处理，而无法对化学污染，诸如农药、杀虫剂、合成洗涤剂、重金属、有机物及其他有害毒素进行深度处理。有关专家认为，这种水处理技术最多能去除30%的有机物，而其他70%以上的有机污染物就只能流入寻常用户家了。在水加热烧开时，许多污染物仍留在开水中，有的污染物如氯化消毒副产物等甚至还会增加。

用符合06标准的自来水煮制成的凉开水是安全卫生的，因此凉开水仍是平民百姓的最佳饮用水。

茶

茶是中国的传统饮料。早在秦汉以前，我国四川地区已盛行饮茶。以茶待客简朴方便，又盛情，广为流行。社交去茶社，边饮边谈，既谈了工作也联络了感情。喜好安逸生活的成都人，躺在茶馆的竹榻上品茶，那是一种价廉而惬意的休闲享受。

茶叶含有氟、锰、锌、硒等微量元素及维生素、胡萝卜素、咖啡因和茶多酚等有益于健康的物质。

茶叶性味甘苦，微寒无毒。喝茶有解困提神、生津止渴、清热解毒、利尿通便、消食减肥的功效，还有固齿、强心、抗衰老、抗癌等作用。

茶叶富含氟，其氟含量比一般植物高数十倍甚至数百倍，有的茶叶每千克(干重)含氟量可达数百毫克。氟是人体必需的微量元素，主要从饮水中摄入。在饮水缺氟、少氟的地方，可通过饮茶补充氟以防龋牙，达到固齿的目的。

茶有抗癌作用。中国、美国、俄罗斯、日本等国科学家对茶的抗癌机制进行了大量的研究工作。科学家研究发现，茶叶中的茶多酚是抗癌物，它能提高某些可抑制癌细胞的酶的活性，也能提高某些可促进能抑制癌细胞增生的酶的活性。我国江苏省启东市是肝癌高发区，人饮茶率只有 15.4%，肝癌死亡率为每 10 万人有 48.73 人；而肝癌低发区的江苏句容市，饮茶率为 61.47%，肝癌死亡率明显较低，每 10 万人只有 14.96 人。绿茶含的茶多酚最多，其次是乌龙茶和红茶。此外，茶叶中的胡萝卜素和维生素都有防癌作用。含硒茶防癌作用更强。浙江省有一个盛产茶叶的乡村，一般人都能高寿 80 岁以上，更令人惊叹的是，全村数百人中无一例癌患者。经科研部门对当地茶叶的分析，发现茶叶中含硒。安徽省石台县大山村产的茶叶富硒，每千克含硒 305 微克，远高于一般茶叶每千克含硒 110~165 微克的水平。此村也是长寿村，全村 480 多人，无一例癌症患者。

饭后用茶水漱口，有杀菌固齿的功效。

在饮茶同时，最好也要喝些开水或矿泉水，因茶含脱水因子，是利尿剂。当茶进入人体后，不仅很快以小便形式排出，甚至还可能带走体内原有的一些水分。

我国普遍有不科学饮茶的习惯，认为头遍茶口味不好而弃掉。茶叶中茶多酚等有益物质很易溶解，它们在第一次冲泡时就溶解了60%，弃之实在可惜。茶叶泡时过长，重金属容易转入茶水中，不利于健康。

饮茶也要适量。饮茶过多，摄入的氟化物也多，能引起氟中毒，氟能破坏钙磷代谢，轻者出现氟斑牙，重者患氟骨症。

冷泡茶

宝岛台湾风行冷泡茶。所谓冷泡茶，就是用常温的冷水泡茶。茶叶放入在容器中，再注入冷水，移入冰箱冷藏，也可就地置放，过几个小时就可以喝了。泡冷泡茶的水要安全卫生，可以是矿泉水或其他瓶装水，还可用冷开水泡。在宝岛台湾市面有塑料瓶装冷泡茶出售，塑料瓶口有一长12厘米的滤管，以防茶叶进入口腔。

冷泡茶是颠覆传统的一种泡茶方法。传统的热泡茶要先醒茶，再把醒茶汤倒掉，而丢失了有益于人健康、易溶于水的茶多酚。再说热泡茶如果搁置时间长，容易溶出重金属。冷泡茶还有很多优点：冷泡茶因人体体温较茶汤高，带着香味的酮类会在茶汤到达口腔后才逐渐挥发出来，香味更浓而盈满整个口腔；冷泡茶可减少茶丹宁酸释出而减少苦涩味；冷泡茶还减少茶汤咖啡因含量，睡前饮用不影响睡眠；冷泡茶夏天饮用清凉爽口有降暑作用；冷泡茶还能促进肠胃蠕动清除宿便，对于瘦身及防癌有非常好的功效。

深层海水

目前，深层海水除主要用于水产养殖外，还开发深层海水作为饮用水。

深层海水在产业上广义定义为海域水深在 200 米以下的海水。在此深度之下，海水不受表层流动的影响，水环境稳定，水质稳定，水温终年恒定低温，为 7~9℃；无光线穿透，不易进行光合作用，植物性浮游生物处于休眠状态而停止繁殖；不受人类活动干扰的影响，水天然纯洁，病原菌稀少，仅约表层水之万分之一至千分之一。深层海水呈弱碱性，含丰富的矿物质及微量元素，几乎包揽了岩石中的全部元素，连富含矿物元素的矿泉水也无法与之相比。

美国、日本等国很早就开始了海洋深层水的研究、开发和应用。20 世纪 90 年代日本人开始饮用深层海水。瓶装夏威夷深海水采自海面以下 1000 米的深海水中，供水公司宣称，此深海水有几千年历史，远离现代人类社会各种污染物干扰的影响，水绝对清洁卫生。

在韩国将海洋深层水淡化后，可以生产出富含微量元素的高级饮用水。

碳酸饮料

碳酸饮料是在一定压力条件下加入二氧化碳气体的人工饮料制品，是一种非酒精软饮料。

碳酸饮料根据添加物的不同，可分为果汁碳酸饮料、果味碳酸饮料、可乐碳酸饮料、低热量碳酸饮料和其他类型碳酸饮料。

有的碳酸饮料添加咖啡因，具有提神兴奋作用，血压高、心脏病患者不宜饮用；有的廉价碳酸饮料添加色素、香料、甜味剂等人工合成物，甚至添加能致癌的邻苯二甲酸酯类塑化剂。

科学家研究发现，碳酸饮料含磷酸盐，它影响人体吸收钙的功能，长期饮用不利于儿童时期的骨骼发育，中老年妇女饮用易患骨质疏松症。碳酸饮料中的磷酸盐在体内易与铁发生化学反应，铁变为无法吸收的化合物而排出体外，因此青年妇女不宜多饮碳酸饮料，否则易患贫血。此外，碳酸饮料呈酸性，果汁碳酸饮料还含糖，过多饮用会增加热量，不利于身体健康。

3 饮水的两个关注点

弱碱性水是健康水吗?

健康人血液的酸碱度稳定，为弱碱性，pH=7.35~7.45。有些矿泉水为弱碱性，有的 pH 甚至与血液的 pH 相同，因此一些人认为，饮弱碱性水，能改变人“酸性体质”而消除“亚健康”。多年前一些广告和“专家”广为宣传弱碱性水是健康水。为牟取暴利深圳一瓶装水公司还按碱度推出瓶装水，影响很大，2010 年“3·15”晚会中央电视台特邀请专家打假。

弱碱性水含钙、镁等碱性物质，于健康有利，但这些碱性物质不能改变血液的酸碱性。

医学科学表明，健康人主要是靠精密的呼吸系统调节二氧化碳呼出量的，使血液 pH 稳定在 7.35~7.45。健康人平均每昼夜要呼出二氧化碳 1.3 千克，一年接近半吨。

人因受惊发生精神性过度通气或疾病如颅内病变、肺炎等疾病二氧化碳呼出过多，血液中碳酸减少量多，向碱性偏移，pH 升高，发生碱中毒。中毒者头晕、感觉异常，偶尔有搐搦。

人在二氧化碳浓度高的矿山坑道等地空间吸入过多的二氧化碳，或疾病损害肺的功能，二氧化碳呼出过少，血液向酸性偏移，pH 降低，发生酸中毒。呼吸性酸中毒病例：一位 I 型糖尿病患者平时用胰岛素控制血糖平安无事，一天忽然发烧、腹痛难忍去医院就诊。经医生诊断，肺部感染呼吸功能受损，二氧化碳呼出过少而在肺部大量聚集，而发生酸中毒，血液 pH 已降到 7.2，因就诊治疗及时才保住了生命。

此外还有代谢紊乱引发的代谢性碱中毒和代谢性酸中毒，一代谢性碱中毒病例，一老者怕浪费吃了变质的剩饭，剧烈的呕吐后，精神不佳、嗜睡，去医院就诊，诊断为呕吐丢失了大量的酸性胃液而碱中毒。

自来水多来自积极参与水循环的河水、湖水和浅层地下水，水接触的岩层(不分岩性)中易溶盐如氯化物、硫化物和硫酸盐等早已溶失，留下的是难溶的碳酸盐和硅酸盐，碳酸盐能溶于碳酸水，生成重碳酸型水，水呈弱碱性。此外在分布很广的石灰岩和花岗岩地区也生成呈弱碱性的重碳酸型水。因此生活饮用水的原水普遍呈弱碱性。多数矿泉水也是弱碱性，矿泉水有益人体健康的是微量元素指标，就其弱碱性来说无健康意义，因此弱碱性水不是被推崇的健康水。

现行的《生活饮用水卫生标准》(GB 5749—2006)规定为 pH 不小于 6.5 且不大于 8.5，即要求水为弱酸性、中性或弱碱性。此规定不是考量弱碱性水对人体健康意义而设置的，如 pH 小于 6.5，水可腐蚀抽水设备和输水管网，pH 大于 8.5，可能使水中溶解性盐类析出，恶化水的感官性状。

有水垢的水能喝吗?

自来水多来自积极参与水循环的河水、湖水和浅层地下水，水中阴离子多以重碳酸根离子为主，还含少量的硫酸根离子和氯离子；阳离子多以钙镁离子为主，还含少量的钠钾离子。这些离子的总量占溶解性矿物质总量的 90%甚至 99%以上，其余总量很微少，品种多达数十种的微量元素。在石灰岩地区水中重碳酸根离子和钙镁离子占的比例更大。

水中重碳酸根离子十分“娇气”，必须要二氧化碳“相伴”才能稳定存在，在水煮沸过程中二氧化碳“逃逸”，重碳酸根离子便与钙镁离子结合，生成钙镁碳酸盐沉淀物析出，其化学反应过程如下

$$2HCO_3^- + Ca^{2+} \longrightarrow CaCO_3\downarrow + CO_2\uparrow + H_2O$$

$$2HCO_3^- + Mg^{2+} \longrightarrow MgCO_3\downarrow + CO_2\uparrow + H_2O$$

钙镁碳酸盐沉淀物，就是附着在水壶和暖水瓶壁底上的水垢。水沸后水中仍可能存在溶解度大的钙镁离子和钠钾离子的硫酸盐和氯化物及残留的微量元素。因此，煮沸后有水垢的开水是可以放心饮用的，不利的是损失了部分有利于健康

的钙镁离子等矿物质。水中钙镁离子的总量称为水的总硬度；水煮沸过程中生成钙镁碳酸盐沉淀物的钙镁离子总量称为水的暂时硬度：水煮沸过程中仍保留在水中钙镁离子的总量称为水的永久硬度。水的总硬度=暂时硬度+永久硬度。生活饮用水要求硬度适量，水的硬度为50~100毫克/升（以碳酸钙计）为宜。

如水受到重金属污染，重金属污染物可能在水垢中积累富集。在开水煮沸过程中重金属离子有可能再次转入水中的风险，特别是在酸性条件下风险更大，这样的开水是不能饮用的。水壶里的水垢要定时清除，清除时往水壶中倒些白醋或柠檬酸，再在火上加热一下就能迅速清除。

4 社会进步饮水退步

从古人开始，为取水方便人们多沿江河、湖泊傍水而居。人们就地取泉水、井水、河水而饮，饮水是自然的，对健康有利。就是在不远的一二十年前，水还较少受到污染，在许多地方农村还在喝生水。

以往由于卫生条件差，水可能受人畜粪便污染。为防止水流行传染病，在我国为杀死传染病细菌常把水煮沸喝开水，西方国家则首先采用氯化消毒饮用水。饮开水对防止流行传染病行之有效，但对健康有益的一些矿物质，如钙、镁离子及微量元素成了细菌的陪葬品同时从水中消失。直接喝用氯化消毒的自来水，在水有机污染不重时比开水好，因水中仍然保持了原有的矿物质，不含氯消毒副产物。

考虑到利弊关系，喝开水和直饮氯化消毒水虽是明智的选择，但它是不得已的选择，是饮水的退步，而不是饮水的进步，因水的天然性被破坏了。

当前由于水污染严重，与100年前开始用氯消毒时相比，水中污染物增加了很多。许多污染物特别是有机污染物在水煮沸时是难以除去的，有的在煮沸时反而增多。自来水氯化消毒也有副作用，氯能与有机物生成的危害健康能致癌的氯化副产物。

目前，我国90%的水厂仍采用传统的氯化消毒方法，根本无法对有害物质进行深度处理。清华大学王占生教授说：“用100年前的技术，来处理100年后的水，最多能除去30%的有机物。”为保证饮用者健康，有条件时要对自来水进行深度处理。

由于水污染严重和科技进步，目前已普遍采用高新技术对水进行深处理得到完全纯净的水。此种水完全脱离天然状态，等于“人造水”。其实饮纯净水是社会进步中的又一个大的饮水退步，让人们生活离自然更远。

5 医疗矿泉水

医疗矿泉水与天然饮用矿泉水有许多相同之处，都是大气降水渗入地下经深循环后形成的一种特殊地下水，但也有很大区别，它的温度和特殊组分具有医疗保健价值，是十分宝贵的天然资源。

医疗矿泉水应具有如下特征：它是从地下深处自然涌出的泉水或从钻井抽出的地下水；多数矿泉水温度较高，水温大于34℃，所以有温泉、汤泉、热水泡子之称，但也有少数温度不高，称为冷泉；或矿物盐含量达到1000毫克/升以上，或含有特殊的气体组分，如二氧化碳、硫化氢及氮气等含量达到界定量以上，或具有医疗保健价值的化学成分，如氟、锂、铁、砷、溴、碘、硼酸、偏硅酸及放射性元素氡、镭等含量达到界定量以上。

在活动火山带由于受火山的影响常形成水温高的温泉；水在一般地区断裂带深循环，由于地热随深度增加而增加，地下水温度随循环深度增加而增加，常形成中、低温温泉；有些地下水循环深度不大，水温度不高，形成冷泉。

有的医疗矿泉水是封存在岩石裂隙中亿万年前的古海水，富含矿物盐、碘、溴等元素。

医疗矿泉水常用的治疗方式有矿泉饮疗和矿泉浴疗。

矿泉饮疗就是直接饮矿泉水进入体内，发生生物化学反应而治疗疾病。例如，饮含铁矿泉水可医治贫血；饮含碘矿泉水可改善甲状腺功能，扩张血管；饮含碳酸矿泉水能增进食欲，改善胃肠消化功能，通便利尿。

矿泉浴疗是利用水温、水压力、浮力、气泡和药物等作用刺激皮肤达到治病的目的。例如，用含硫化氢的矿泉水沐浴可治疗、牛皮癣、神经性皮炎、疥疮等；用含碳酸矿泉水沐浴时，二氧化碳气泡附着在皮肤上刺激毛细血管扩张，降低血压，有保护心脏的作用等。矿泉水沐浴的温度医疗作用：健康人的皮肤温度平均在34℃左右，如水温大于34℃皮肤有温热感觉，降低神经的兴奋性，有镇静作用，还能使皮肤血管扩张，心跳、脉搏加速血压降低；如水温小于34℃皮肤有凉的感觉，冷水作用于皮肤使血管收缩，进而心跳、脉搏充实有力，能增强人的体质。例如，水温超过 44℃，心脏负担过重，对心血管患者极为不利，应禁用。

医疗矿泉水治病必须在专门疗养机构或医生指导下进行，否则不但达不到治病的目的，反而可能影响健康。

6 水与地方病

地下水，特别是浅层地下水，水中矿物质及微量元素的种类和含量反映该地区岩石、土壤的物质成分，并在当地种植和饲养的生物体中得到体现。由于地质环境的差异，食物和水中某些微量元素缺乏或含量过多都能危害健康。这种由微量元素过多或过少引发的疾病，往往具有地方性，因此把其称为地方病。

地方病多发生在农村，特别是边远地区，居民就地取水饮用，食物也是当地出产的，矿物质和微量元素的补充严格受到当地包括地质环境在内的自然环境的限制，因此可能发生有的微量元素摄入过多而引起微量元素中毒，有的摄入过少而引微量元素缺乏症。常见的地方病有地方性氟中毒、地方性碘缺乏、地方性硒中毒和硒缺乏等。

地方性氟中毒

在一些地区居民长期饮用高氟水(氟含量大于 1 毫克/升)，从而引发氟中毒，因为发病有明显的地区性，此类氟中毒被称为地方性氟中毒，简称地氟病。

地壳岩石中氟元素的丰度为 660 毫克/千克，氟是自然界中最活泼的非金属元素，主要以化合物形态存在，含氟矿物有萤石(CaF_2)、氟磷灰石[$3Ca_3(PO_4)_2CaF$]、冰晶石(Na_3AlF_6)和云母等。

地壳岩石中氟的丰度约是氯的 4 倍，但是水中氟很少，只能是水中的微量元素，因为氟化物难溶于水，而氯化物易溶于水，成为水的主要离子成分。

水中氟一般来源于岩石的风化溶滤。岩石中变质岩氟含量大于岩浆岩，沉积岩中最少，松散土中以残积物为多，其次是坡积土和黄土，有的煤层中含有较多的氟。天然水中氟含量为 0.05~2.7 毫克/升，地下水中平均含量为 0.32 毫克/升，高氟地区可达 10~20 毫克/升，海水为 1.3 毫克/升。

氟是人体必需的微量元素之一，成人体中含氟 2.6 克，在微量元素中仅次于硅和铁，主要分布在骨骼和牙齿中，有增加骨骼和牙齿强度，促进儿童生长发育和预防龋齿病的功能。

成人每天氟的摄入量应为 1~1.5 毫克，主要从饮水中摄入，占摄入量的三分之二。水中氟的最佳含量为 0.5~1.0 毫克 /升，适量的氟有利于人体健康。例如，水中氟少于 0.5 毫克/升时易患龋齿病，大于 1.0 毫克/升时易患氟斑牙症，过高甚至患氟骨症。氟斑牙症以门牙为明显，牙上有浅黄色、棕色至棕黑色的斑点，牙质变脆，易缺损。氟骨症表现为四肢、脊柱关节酸痛，肢体变形，胸腰椎弯曲，驼背畸形，重者行动困难，卧床不起。《生活饮用水卫生标准》规定氟的限量为 1 毫克/升。

我国氟中毒地区主要分布在华北、西北、东北和黄淮海平原地区，最严重的是山西和内蒙古。据卫生部疾病控制司的统计，2004 年全国水型氟中毒县共有 1117 个，病区人口数 8141 万。

国家高度重视农村居民饮水问题，2005~2010 年我国投入 80 亿元，用于解决 6000 万~8000 万农村居民饮水安全等问题。

在我国南方，特别是石灰岩分布区水含氟量低，因氟与钙易生成难溶的氟化钙从水中析出，发生氟缺乏症而引发龋齿病。龋齿是一种危害口腔健康的常见病，被世界卫生组织列为当今世界上第三种最主要的疾病之一(第一、二种分别是心脑血管病和肿瘤)，发病率很高。缺氟还能引起骨质疏松，老年人患骨质疏松症易致骨折，因此也应防止缺氟。

饮水加氟是目前预防龋齿的主要措施。全世界已有 30 多个国家和地区的 1 亿多人口饮用加氟水，龋齿发病率下降，取得了良好效果。茶叶含有较多的氟，每千克(干重)可达数百毫克，可通过饮茶补充氟的摄入，但是，如果长期饮茶过多或茶叶含氟量过高，也可能发生饮茶氟中毒。

地方性碘缺乏

碘(I)是人体必需的微量元素之一，如居民长期饮用的水和吃的食物缺乏碘，就会患碘缺乏病，因发病具有地方性，是一种地方性疾病。

地壳岩石中碘元素的丰度为 0.4 毫克/千克。碘元素在岩石中以分散状态分布，主要的含碘矿物为智利硝石，碘含量为 200~1700 毫克/千克，平均为 1500 毫克/千克。碘化学性质活泼、溶水性好、迁移性强，因此碘的分布规律是平原多于山区，沿海因降雨中含较多的碘，故多于内地。

在地球尚未出现人类以前，大陆表面分布富含有机质的熟土层，熟土层富含包括碘在内的微量元素。1.8万年前地球进入冰期，大部分陆地覆盖冰层。后来冰河融化成水，把熟土中的碘带入海洋。此后新形成的土壤含碘很少，只是熟土层的十分之一。因此，陆地地层、土壤普遍缺碘。

一般地表水中含碘量比地下水少，地下水平均含量为 6 微克/升，在一些地区深层地下水含量较多，海水含碘较多，达 60 微克/升，海生有机物质中特别是海藻类富集碘，其灰分中含碘量达 1.9 克/千克。

人体中碘很少，只有 10 毫克，人体血液中的碘含量为 57 微克/升与海水的 60 微克/升很近似。虽然人体中碘很少，但它的生理作用巨大，碘主要分布在人体的甲状腺中，是合成甲状腺激素的主要原料。成人每天需要摄入碘 70~100 微克，青少年要多一些，为 160~200 微克，儿童为 50 微克。碘对胎儿、婴幼儿发育特别重要。

我国碘缺乏病流行广，分布在全国（不包括台湾地区）1615 个县、市，受威胁的人口达 3 亿多。

碘缺乏病可分为地方性甲状腺肿和地方性克汀病。

◆地方性甲状腺肿

地方性甲状腺肿是碘缺乏病主要的一种病态，它表现为甲状腺肿大。

当人从饮水和食物中摄入的碘不足时，甲状腺激素的合成就会不足，从而使甲状腺组织增生，造成甲状腺肿大。2007

年笔者游峨眉山在洪村坪大门前巧遇患甲状腺肿的猴（图 6-1），在清音阁去万年寺的路边巧见“小天鹅”奇草（图 6-2）。

图 6-1　峨眉山缺碘患甲状腺肿的猴（摄影　贺大印）

图 6-2 峨眉山小天鹅仙女草(摄影 贺大印)

甲状腺肿早期是具有代偿意义的，其病变是可逆性的，经过适当的补碘完全可以恢复正常。但延迟补碘继续发展下去，甲状腺反复过度增生和退缩形成结节，病变则为不可逆性。

此外，饮高碘水也可能患甲状腺肿。1979~1997 年，我国已先后在河北、新疆、山东、山西、河南、内蒙古及江苏 7 个省(自治区)发现了水源性高碘地甲病。某地居民生活饮用水碘含量达 420~2000 微克/升，甲状腺肿患病率高达 21.2 %，改饮碘含量 110 微克/升水，6 年后居民患病率降至 8.2%。高碘甲肿与缺碘甲肿在外观上几乎无任何不同，但触诊时高碘甲肿比较硬实一些。解剖出的新鲜甲状腺：高碘者呈浅灰白色，触感韧实；而缺碘者外观鲜红，质地软，二者极易区别。

◆地方性克汀病

地方性克汀病是碘缺乏对人类危害最严重的一个病症，它主要是在胚胎期的脑发育临界阶段，即妊娠三个月至出生后二年内，由于碘缺乏甲状腺素供应不足，胎儿的生长发育就受到影响，首先引起中枢神经系统的发育障碍。

地方性克汀病患者主要的临床表现是智力低下、聋哑、个体矮小、瘫痪。严重患者生活不能自理，甚至大小便不能自理和不能进食。

◆碘缺乏病的防治

我国大部分地区人体碘摄入量普遍不足，因此从 1994 年起我国对食用盐实行专营出售加碘食盐。据环境碘的贫缺程度食盐加碘量不同，多的万分之一，少的二十万分之一。

地方性硒中毒和硒缺乏

硒(Se)是人体必需的微量元素之一，但硒的分布受地质地理环境限制，有的地方过多会引发硒中毒，有的地方贫乏会发生硒缺乏病。这些病的流行都与地方环境有关，因此把它们列为地方病。

硒在 1817 年就被发现，但长期以来未被重视，直到 20 世纪 30 年代农场牲畜吃了硒含量过高的植物引发硒中毒后，才开始受到关注。到 20 世纪 70 年代初，中国科学家发现克山病与人群缺硒有关后，才确定硒是人体必需的微量元素之一。

地壳岩石中硒元素的丰度为 0.09 毫克/千克。硫化物矿物中含硒，沉积岩含硒很高，为 0.08~1 毫克/千克，有的煤中含量也很高，而火成岩含量最低。风化作用使岩石中的硒进入土壤和水中。

沉积岩风化形成高硒土壤。我国湖北省恩施地区土壤中最高硒含量达 45.5 毫克/千克，平均 9.7 毫克/千克。土壤中存在水溶性硒，能为植物吸收利用，水的 pH 越高，水溶性硒就越多。

河水中硒的含量一般为 0.5~10 微克/升，低硒地区可低于 0.17 微克/升，高硒地区能高达 50 微克/升。地下水中硒的平均含量为 0.77 微克/升。

人体中硒含量为 10 毫克。硒是谷胱甘肽过氧化酶的组成部分，此种过氧化酶的生理功能是保护细胞不受过氧化物的伤害，可提高机体免疫能力，增强人体健康，有防癌功能。硒与金属的结合力很强，能抵抗镉对肾、生殖腺和中枢神经的毒害。硒与体内的汞、锡、铊、铅等重金属结合，形成金属硒蛋白而具有解毒、排毒的功效。安徽省石台县大山村，土壤含较多的硒，当地产的茶叶每千克含硒 305 微克，远高于一般茶叶每千克含硒 110~165 微克的水平。此村是长寿村，全村 480 多人，无一例癌症患者。

◆地方性硒中毒

人体摄入适量的硒有利于健康，但过多会引发硒中毒，危害身体健康。

硒中毒首先是在动物中发现的，常见的中毒动物有猪、马、牛、羊等。在我国湖北恩施、陕西安康等地发生过动物硒中毒，从而人们很快认识到，在土壤富硒地区通过食物链硒中毒也能在人体中发生。一般认为，土壤中硒含量达到 0.5 毫克/千克，植物中 5 毫克/千克，即可发生慢性硒中毒。在这些地区水中硒含量增高，硒中毒部分硒同时还来自饮用水。1960~1964 年在湖北恩施硒中毒暴发流行，调查 5 个严重发病生产队 248 人的平均发病率为 49.2%，在病情最严重的队，人每日硒摄入量在 30 毫克以上，发病率高达 83%，牲畜全部死亡。为躲避硒中毒危害不得不整队迁出。

硒化物毒性作用的机理之一是影响与细胞呼吸有关的酶，中毒主要表现为食欲减退、恶心、呕吐、腹泻、头晕、头痛、指甲疼痛、四肢麻木无力、自主神经功能紊乱、呼吸及汗液有蒜臭味等。

与硒中毒相反是硒缺乏，这是大骨节病和克山病两种地方性病流行的主要原因。

◆大骨节病

大骨节病是一种慢性畸形性骨关节病，1844年在俄罗斯赤塔州乌洛夫流域首先发现此病流行。大骨节病在我国分布很广，主要分布在东南沿海气候潮湿带和西北内陆干旱带之间的过渡带，自东北到西南，包括黑龙江、吉林、辽宁、内蒙古、河北、山西、河南、陕西、甘肃、青海、四川和西藏等省(自治区)。

病区受地貌控制，多出现在山间河谷、山间盆地和丘陵盆地等地形低洼处。在这些地区地形平坦，较潮湿，植被发育，地下水埋深浅，富含腐殖酸。由于环境缺硒而使得谷类、豆类和肉类缺硒。我国土壤平均含硒量由西北干旱带经中间过渡带到东南潮湿带分别为190微克/千克、130微克/千克和230微克/千克，这与我国大骨节病的分布相吻合。

大骨节病主要危害儿童、少年的骨关节系统，造成骨关节粗大，影响行动。病重患者身体矮小、短指畸形、步态如鸭，严重影响劳动力，甚至造成终身残疾。

科学家对大骨节病致病因子做了许多研究，有人认为是饮用的地下水中腐殖酸偏高。20世纪70年代以来，科研人员做了深入研究，认为大骨节病的主要致病原因是粮食和饮水中缺硒。病区土壤、水贫硒，因此产出的粮食缺硒，每千克只有6微克。实践证明，补硒不仅能防止骨髓端病变，而且能加速骨关节病变的修复，并还可预防大骨节病的发生。

◆克山病

克山病于1935年首先发现于黑龙江省克山县，是一种原因不明的心肌病，故命名为克山病。

克山病在我国黑龙江、吉林、内蒙古、河北、陕西、甘肃、四川、云南等地的偏僻地区都流行过。黑龙江省各重病区分布在气候湿润的低山丘陵，土壤富含腐殖质偏酸性。此病在朝鲜、日本亦有发生。

克山病亦称地方性心肌病。20世纪70年代末，急性克山病的发病率已由新中国成立初期的十万分之五十二下降到十万分之零点三。1980年，农村改革开放后，此病已消失。

调查发现克山病病区的土壤、水和粮食中硒含量明显降低，病区人群的血硒和头发硒含量亦低。对比调查水土含硒较高地区，发现随粮食中硒的含量升高，克山病发病率减少。人群缺硒干扰了心肌代谢，引起心肌损伤。口服亚硒酸钠可以预防克山病的发生，说明硒与克山病的发生有关。但鉴于病区虽然普遍低硒，而发病仅占居民的一小部分，且缺硒不能解释克山病的年度和季节多发性，所以还应考虑克山病的发生除低硒外尚有多种其他因素参与的可能。

第7章 神奇的“中国南方喀斯特”之旅

1 喀斯特的意义及由来

喀斯特主要是由含碳酸溶蚀性的水对可溶性岩石进行地质作用，及由此作用产生的地貌等现象的总称。喀斯特作用包含两个相互对立的方面：一是水对可溶性岩石进行化学溶蚀的破坏作用，并伴有由水溶蚀和冲蚀引起的机械崩塌破坏作用；二是水的沉积再造作用。

“喀斯特”一词来自克罗地亚共和国西部伊斯特拉半岛，是被称为“Krass”的碳酸盐岩高原地名的音译。喀斯特的研究就是从这里开始的。1966 年，我国曾把喀斯特改名为“岩溶”，此名并不很科学，它限制了对喀斯特的认识。

喀斯特景区（图 7-1、图 7-2）集山、水于一体，山清水秀、森林密集、负离子多，是人们旅游休闲的好去处，不但能享受大自然风光，令人心旷神怡；还能享受新鲜空气，增进身体健康。

目前，不少地方在介绍喀斯特风景时，讲解内容是神话传说多于科学。在欣赏喀斯特风景的同时，可以了解喀斯特形成的一些科学知识，以丰富旅游内容和提高旅游兴趣。

喀斯特是地学研究的范畴，它具有很重要的经济意义和工程意义。在一些喀斯特地区，石多土少，地表缺水，农业耕种十分艰难，因而荒凉贫瘠。

图 7-1 漓江(摄影 贺大印)

图 8-2　荔波瀑布(摄影　贺大印)

2　地下水的溶蚀破坏和沉积再造机制

一般地下水虽含有二氧化碳，但主要起平衡水中重碳酸根离子的作用，因此不具腐蚀性。此种起平衡作用的二氧化碳称为平衡二氧化碳。当溶于水中的游离二氧化碳大于平衡二氧化碳时，水才含腐蚀性二氧化碳，能溶解溶蚀碳酸盐类岩石。此时游离二氧化碳与平衡二氧化碳的差值可分为两部

分：一部分游离二氧化碳能溶解石灰岩(碳酸钙)，其化学式为

$$CaCO_3 + CO_2 + H_2O \rightarrow Ca^{2+} + 2HCO_3^-$$

(石灰岩)　　　　　(溶于水中)

因此，水中的重碳酸根离子增加，另外部分游离二氧化碳则用于平衡新增加的重碳酸根离子。

地下水的溶解溶蚀作用虽十分缓慢，但在漫长的地质历史长河中地下水不断溶解溶蚀，使裂隙空间逐渐扩大，当裂隙空间周围石灰岩的稳定性受到破坏时而发生崩塌，这就是地下水的溶蚀破坏作用，它在地表形成溶沟与石芽、石林、天坑与天生桥及峰林峰丛等喀斯特风景。

当地下水游离二氧化碳与平衡二氧化碳的差值等于零时，水的腐蚀性也就消失，此时水便成为含重碳酸根离子的饱和溶液。水中二氧化碳常不“安分守已”，一有“风吹草动”如温度升高或压力降低就逃逸，从而破坏水中二氧化碳与重碳酸钙饱和溶液的化学平衡，重碳酸根离子便与水中钙离子等阳离子结合生成碳酸钙(碳酸盐)沉积物而从水中析出，形成洞穴化学沉积物，其化学式为

$$Ca^{2+} + 2HCO_3^- \longrightarrow CaCO_3 \downarrow + CO_2 \uparrow + H_2O$$

(溶于水中)　　　　(碳酸盐)

在地下水的溶蚀破坏作用和沉积再造作用共同作用下，在地下能形成高数十米甚至上百米巨大的厅堂式溶洞和绵延数百米、数千米，甚至数十千米的通道式洞穴和地下河及洞中琳琅满目的洞穴沉积物，如形态多样的钟乳石、石笋、石

柱、石幔、石帘与边石坝等。

地下水沉积再造作用的速度也很缓慢，它是从一滴滴水中的重碳酸根离子和钙离子结合成的碳酸钙沉积物累积而成的。专家曾用同位素方法测得湖北神农架洞穴中一根石笋的年龄约 9 万年，石笋长 70 余厘米，可算出此石笋的生长速度平均每 100 年为 0.8 毫米。

3 “中国南方喀斯特”的形成

“中国南方喀斯特”主要分布在南部地区的广西和贵州，及其邻近的广东西部、湖南西部、云南东部、四川南部和重庆南部，总面积达 125 万千米^2，约占全国陆地总面积的 13%。这些地区的喀斯特发育典型，学术上把其称为“中国南方喀斯特”。

我国其他地方也有石灰岩分布，但受到地质条件和自然地理条件的限制，喀斯特发育不典型。东部地区曾经有过寒冷少雨的冰期，喀斯特发育受到影响；向北随气候变冷，降雨减少，喀斯特作用的强度迅速降低；广大西北地区气候长期干旱少雨，喀斯特几乎不发育。

“中国南方喀斯特”是在特定的地质条件和自然地理条件下发育形成的，它们包括：石灰岩裸露广泛分布；石灰岩断裂发育；降水充沛，气候湿热。

石灰岩裸露广泛分布

石灰岩也称灰岩，灰色、灰白色或灰黑色，性脆，由化学成分主要为碳酸钙矿物的方解石($CaCO_3$)组成，常含有白云石矿物($MgCO_3$)等杂质。

石灰岩是形成在浅海和滨海地区的碳酸盐化学沉积物。当海水中重碳酸根离子过饱和时，由于海水温度升高或海水深度变小，水中平衡(陪伴)重碳酸根离子的二氧化碳从水中逸出，重碳酸根离子便与钙(镁)离子结合生成碳酸钙(碳酸镁)，从水中沉积出来。在漫长的地质时期中，碳酸钙沉积物在其上部荷重压力的作用下逐渐固结压缩成坚硬的石灰岩。

石灰岩也有由动物介壳和骨骼堆积而成的，此种石灰岩称为生物碎屑岩，其主要成分仍为碳酸钙。

在距今 4.05 亿~2.50 亿年的晚古生代期间，我国南方被海水淹没，沉积了广泛分布以石灰岩为主的碳酸盐沉积物。其后由于地壳上升运动，海水退去，石灰岩大面积出露地表。裸露石灰岩是南方喀斯特地貌形成的物质基础。

石灰岩断裂发育

石灰岩等沉积岩在水中形成时，岩石呈水平层状(图 7-3A)，像书本一样一页一页的。其后由于地壳运动使岩层形态发生变化。在水平挤压力作用下，层状岩石受挤压而产生一系列波状弯曲，但岩层保持连续，此种构造称为褶皱(图 7-3B)。向上凸起的弯曲为背斜，中心部分的岩层相对较老，向两侧岩层逐渐变新；向下凹的弯曲是向斜，中心部分的岩层相对较新，向两侧岩层逐渐变老。一个褶皱可由若干背斜和向斜组成。岩层受力破坏后，破裂面两侧岩块如果发生了相对位移，此种断裂构造称断层(图 7-3C、D)，断层两侧能形成破碎带，裂隙发育。在石灰岩受拉张应力作用部位张性断层、裂隙发育，是地表水入渗和地下水流动的原生空间。这是喀斯特形成的一个必要条件。

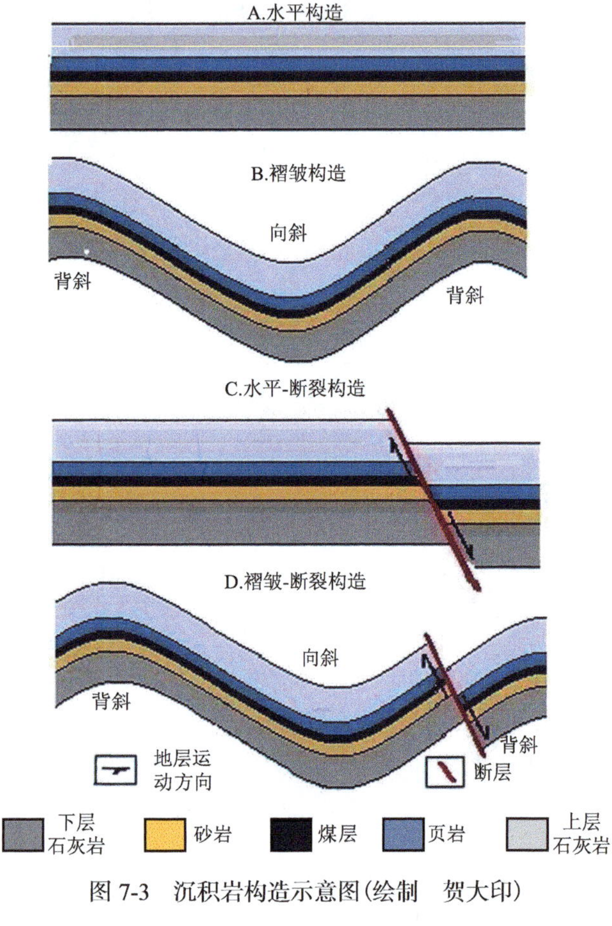

图 7-3 沉积岩构造示意图(绘制 贺大印)

石灰岩层受到地应力破坏后，在背斜轴部、张性断层带和其他张应力集中部位，开口裂隙发育。含溶蚀性二氧化碳的水沿裂隙渗入石灰岩层喀斯特开始发育，经过漫长的地质历史时期水的溶蚀破坏，形成秀丽的喀斯特风景展现在世人面前。

降水充沛，气候湿热

我国南方在距今 6500 万年的第三纪为热带气候和亚热带气候，降雨充沛，气候湿热。现在广西年平均气温由北到南由 17℃递增到 23℃，年降水量达 1200~2000 毫米；贵州大部分地区年平均气温为 14~16℃，年降水量为 1100~1400 毫米。湿热气候有利于土壤微生物发育，微生物氧化分解产生大量的二氧化碳，使地下水具有比较强烈的碳酸溶蚀性。这是喀斯特形成一个必要的条件。

降水充沛使地下水源源不断地得到补给，地下水来源丰富，水运动不息，能把水中溶解物不断带走，同时含碳酸溶蚀性的地下水能源得到补充，使地下水的溶蚀破坏作用得以长期、连续进行，有利于喀斯特的形成。这是喀斯特形成又一个必要的条件。

4 “中国南方喀斯特”之旅

“中国南方喀斯特”地貌十分典型，它是在特定的地质条件和自然地理条件下发育形成的，常构成秀丽的风景亮点，其中有早已闻名于世的广西桂林山水、阳朔山水及贵州黄果树瀑布和云南石林等旅游胜地。随着旅游的发展，近 10 多年开发出许多新的旅游景点：广西有巴马长寿乡的水晶宫、百魔洞、交乐天坑及桂林漓江明珠——冠岩等景点；贵州有“最美旅游洞穴”之称的织金洞和梦中伊甸园——荔波喀斯特森林等；重庆南部武隆有世界上规模最大的串珠式天生桥和天坑；四川南部宜宾兴文是石海洞乡。

2007年，云南石林、贵州荔波喀斯特和重庆武隆喀斯特联合申报的“中国南方喀斯特”项目被第31届世界遗产大会审议通过，正式列入世界自然遗产名录，成为中国第七个世界自然遗产。

溶沟与石芽

溶沟与石芽是石灰岩表面分布的沟槽和沟间突起，沟槽称溶沟，沟间突起称石芽。溶沟与石牙是含腐蚀性二氧化碳水沿石灰岩斜面上的裂隙流动溶蚀、冲蚀而成的。溶沟宽10厘米至2米，深数厘米至3米。溶沟与石芽常在石灰岩的斜坡上出露，有的埋在地下被风化残积土覆盖。

石林

石林是耸立在沟间形体高大柱状石灰岩体，形成在垂直裂隙发育的厚层石灰岩中。在漫长的地质历史时期，地下水对垂直裂隙不断溶蚀，逐渐把垂直裂隙溶蚀拓宽成深沟，沟间保留了巨大的柱形岩体。石柱山体坡壁陡直，相对高度一般10~20米，最高的可达40~50米，远处望去像森林，故名石林。多数学者认为热带石林是石芽的一种特殊形态。

我国石林以云南石林（原名路南石林）（图7-4）著称于世，它位于昆明市东南石林（原名路南）彝族自治县境内，距昆明约90千米。云南石林形成于距今2.90亿~2.50亿年二叠纪期间沉积的石灰岩中。石灰岩浅灰色，厚层状，为生物碎屑岩。

石林处在向斜中心部位，岩层接近水平，垂直裂隙发育。石柱山体相对高度一般 5~10 米，高的 30~40 米。由于岩性的差异，云南石林主要有剑状、柱状、蘑菇状、塔状、棒状、方柱状、不规则状等。

图 7-4　云南石林（摄影　贺大印）

云南石林 2001 年被列为首批中国国家地质公园，是国家 5A 级旅游景区，2007 年第 31 届世界遗产大会以“中国南方喀斯特”之名授予云南石林为世界自然遗产。

我国第二大石林是重庆万盛石林，它位于重庆南部万盛区，距重庆市区 165 千米，它形成于距今 4.8 亿~4.35 亿年奥陶纪生成的石灰岩中，地质时代老，是我国最古老的石林。万盛石林形态多柱状型，主要景点有蘑菇石、剑峰石、石鼓、石塔、石芽等。

峰林与峰丛

峰林与峰丛是高耸林立的石灰岩山峰，分散或成群出现在平地上。

◆峰林的形成

峰林是塔状耸立在平原上的山群，山群的基座不相连或稍有相连。峰林的相对高度一般为100~200米，坡度较陡，大多在 60°以上，甚至陡直。峰林形成在水平运动强烈的、由洪水泛滥形成的边缘平原。由于洪水对山脚进行旁蚀、冲蚀而形成脚洞，崖壁稳定性受到破坏，不断崩塌后退，形成山坡陡直的峰林。峰林地区地下水位较浅，多水平洞穴。

峰林分布于区域性地壳运动轻微上升地区，地壳上升强度与峰间地面下切速度基本相等，故峰间为平地或很低的垭口。

◆峰丛的形成

峰丛是基座相连而上部分离的山群。峰丛上部是山峰，下部为彼此相连的石灰岩基座，山峰间为“U”字形垭口相隔。峰丛坡度较缓，一般30~60°，峰丛高度可达300~600米。峰丛地区地下水位较深，多形成垂直洞穴。

峰丛分布在区域性地壳运动上升较强烈的地区，并且上升运动还有相对强弱之分。峰丛垭口之上的山体是在地壳上升运动较缓慢时期形成的，水有充分时间向下切割，垂向溶蚀破坏岩层而形成孤立的山峰。峰丛基座及其很高的山间垭口形成在地壳上升较快时期，表明地壳上升速度高于垭口地面下切速度。因此，峰丛表示地壳运动由弱变强的过程。峰丛的生成还受岩性和裂隙发育程度的影响，因此常形成切割深浅不一的垭口和高低不同的山峰，错落有致。

◆典型的峰林峰丛景观

峰林以阳朔最为典型(图 7-5)。在从桂林沿漓江乘船去阳朔途中随处可见塔状喀斯特山体耸立在河流两岸平原上，绿水中有青山，青山绿水映成一片，构成一幅幅美不胜收的中国画卷。峰丛以广西西部和贵州分布的锥状喀斯特山体最为壮观(图 7-6)。因地壳上升运动的强度不同，峰林、峰丛分布在不同地区，但在贵州荔波县峰林、峰丛同时出现，是喀斯特地貌一大奇观。

图 7-5　阳朔漓江旁的喀斯特峰林(摄影　贺大印)

图 7-6　峰丛(摄影　贺大印)

◆荔波峰林峰丛

贵州荔波县位于贵阳市东南，与广西接壤，地处云贵高原向广西低地的过渡地，是高原亚热带向低地热带的过渡带，在东西长约 40 千米、高差近 750 米的地区展示了峰丛与峰林的演化与递变，甚为罕见。荔波喀斯特地貌的多样性和典型性、生物生态特征等都是其他地区无可比拟的，具有特殊的科学价值与观光价值。因此，2007 年第 31 届世界遗产大会以“中国南方喀斯特”之名授予荔波喀斯特为世界自然遗产。荔波峰丛、峰林秀丽迷人，旅游景区有大七孔景区、小七孔景区、樟江河谷景区和茂兰喀斯特森林自然保护区，值得人们去观光旅游(图 7-7)。

图7-7　荔波茂兰晨曦(摄影　贺大印)

天坑天生桥

◆天坑天生桥的形成

天坑天生桥是地表喀斯特景观，一般形成在岩层厚、呈水平状分布的石灰岩地区。在此岩层中地下水沿线状断裂带流动，溶蚀形成地下河。由于岩性或断裂发育的差异，在地下水的溶蚀作用下形成大厅式溶洞和通道式溶洞。当溶洞顶溶蚀变薄，承受不了上部地层压力时发生崩塌。洞顶大面积崩塌至地表形成天坑；局部小面积崩塌至地表形成通天口，窗形的通天口为天窗，条形的称一线天；洞顶未崩塌部分横跨地下河形成天生桥，桥下的洞称穿洞。其后因地壳上升，地下河随之抬升，相反地表河下切，而形成高山深谷地形。

在这些地方如降雨量多，地下水丰富，水位落差大，水动力强冲蚀破坏力大，能把塌落下来的石块冲走，同时水还继续溶蚀冲蚀扩大天坑空间，最后形成规模很大的天坑。

◆武隆天生桥群

重庆武隆具有上述地质地理条件，因而天坑天生桥喀斯特景观多，其中以串珠式天生桥群和天坑群最为奇观，而闻名于世。2007 年，武隆串珠式天生桥群和天坑群以“中国南方喀斯特”之名被列入了世界自然遗产名录，同时还是国家 4A 级旅游区。

武隆位于重庆市区东南，长江右面支流乌江横穿其境，山清水秀。天生桥群位于武隆县城东南 20 千米处，横跨洋水河大峡谷之上。在洋水河峡谷 1200 米距离内有三座天生石桥：峡谷上游是天龙桥，青龙桥居中，黑龙桥在峡谷下游，三座天生桥呈串珠式分布。天龙桥与青龙桥由天龙天坑相隔；青龙桥、黑龙桥之间为神鹰天坑，形成坑与坑以桥洞相连，桥与桥以坑隔望的完美的自然组合，天龙天生桥的规模在三座天生桥中居首，桥高 200 米，宽 200 米，跨度 450 米。

天龙天坑和神鹰天坑深度均达到 280 多米。天龙天坑开口呈“十”字形，顶部开口面积为 18 万米^2。神鹰天坑比天龙天坑要小，顶部开口部面积只有 5.12 万米^2，天坑平面呈心形，南北向长 300 米，东西宽 280 米。天坑四周悬崖万丈、壁立千仞，可谓气势磅礴，雄伟壮观。

青龙桥是三座桥中最高的一座，桥高 350 米，宽 150 米，跨度 400 米。黑龙桥桥孔幽深黑暗，桥洞顶部岩石如一条黑龙蜿蜒而得名，桥高 223 米，桥厚 107 米，平均桥孔高 116 米，拱孔跨度 16~49 米，桥面宽达 193 米，是三座桥中宽度最大的桥。

武隆还有后坪天坑，最典型的为箐口天坑，箐口天坑形态完美，坑口呈椭圆形，最大和最小深度分别为 295.3 米、195.3 米，自坑口视之，绝壁陡直，天坑深不可测，奇险无比。自坑底仰视，四周绝壁直指天穹，引颈仰视，坐井观天，白云悠悠，天空湛蓝，给人以远离人间神秘之感。目前，该自然景观还处于原始状态，尚未开发。

武隆还有以芙蓉江为主体的沿江景区，景点有芙蓉洞、盘古河等景区，特别是江口电站使水位升高 100 多米，形成高峡平湖，湖中有不计其数的半岛和岛屿，是最好的休闲、度假、水上娱乐场地。

喀斯特洞穴

喀斯特洞穴也称溶洞，是含腐蚀性二氧化碳的水沿石灰岩层面、断层带、裂隙带流动进行腐蚀破坏作用而形成的地下通道式和厅堂式空间。我国卓明的喀斯特洞穴风景点有桂林的七星岩、芦笛岩、冠岩，贵阳的天河潭，贵州省安顺龙宫等。贵州荔波大七孔妖风洞（图 7-8）也值得一游，妖风洞全长 3200 米，宽 114 米，最处窄仅 1 米，最高 80 米，最低 1.5 米。妖风洞形成于 200 多万年以前，今日洞中地下河淙淙水流声不绝耳，喀斯特作用动力仍然存在，妖风洞还在继续发育扩大中。妖风洞顶裂开形成一线天，阳光照射在绿色地下河面上形成水中一线天，实为难得的风景亮点。

图 7-8　荔波妖风洞(摄影　贺大印)

喀斯特洞穴按形态可分为垂向洞穴和水平洞穴。垂向洞穴如落水洞，多分布于山区，常见于地下水面以上，为垂向流动的地下水沿岩石垂向发育的裂隙空间溶蚀破坏而成。水平洞穴位于地下水面附近，为地下水沿岩石水平发育的裂隙空间溶蚀破坏而成。还有一些喀斯特洞穴呈多层分布在地面高处或地下深处，它表明当地曾有过上升运动或下降运动。例如，阳朔月亮山洞是原水平洞穴抬升而成的，洞后山体配景，如同一轮弯月挂在天空而得名，十分美丽(图 7-9)。

图 7-9　阳朔月亮山(摄影　贺大印)

地下河与喀斯特泉

常年有水流动呈线形延伸的洞穴形成地下河。水溶蚀破坏作用生成的近垂直的洞穴称落水洞。有的河流经落水洞流入地下变成地下河，河流便从地表消失，地下河流出地表形成喀斯特泉。我国著名的广西都安瑶族自治县地苏地下河，呈树枝状发育，有 15 条支流，主流长度 57.2 千米，总长 243 千米，洪水期流量达 500 米^3/秒。

喀斯特水水质好，常为矿化度不高的重碳酸钙型水，水微甜可口，口感好，是良好的供水水源。

石钟乳石笋与石柱

当重碳酸钙饱和水溶液从洞顶裂隙向下滴时，由于温度升高或压力降低水中二氧化碳逃逸，碳酸钙沉积物附在洞顶上，并向下生长形似钟乳称为钟乳石。如水滴落到洞底，碳酸钙沉积在地上堆积向上长形如笋，故称石笋。钟乳石向下长与向上长的石笋相连便成石柱（图 7-10、图 7-11）。

图 7-10　贵州天河潭洞穴沉积物（摄影　贺大印）

图 7-11　桂林冠岩洞穴石笋花柱（摄影　贺大印）

石幔石帘与边石坝

水从洞壁沿裂隙渗出片状水流，重碳酸钙饱和水溶液中二氧化碳逃逸，便沉淀出片状碳酸钙沉积物，形如帐幕（图 7-12），覆盖在洞壁上的为石幔，与洞壁分离的称石帘。例如，薄层水在洞底斜坡上缓流遇到小障碍物时，水流速度加快，二氧化碳逸出，碳酸钙沉积物在小障碍物上堆积，形成花边状的小堤坝称边石坝。边石坝平面上为弧形、半圆形，许多边石坝连成一片，呈阶梯状分布，犹如梯田。

图 7-12　贵阳天河潭石帘（摄影　贺大印）

参考文献

阿·费尔斯曼. 1999. 趣味地球化学. 安吉, 石英, 陈小毅译. 长沙: 湖南教育出版社

蔡宏道. 1995. 现代环境卫生学. 北京: 人民卫生出版社

陈鼓应. 2009. 老子注译及评介(修订增补本). 北京: 中华书局

陈静生. 1986. 环境地学. 北京: 中国环境科学出版社

陈清, 卢国珵. 1989. 微量元素与健康. 北京: 北京大学出版社

陈颖敏, 左俊利. 2007. 饮用水中氯消毒副产物的污染与控制. 工业安全与环保, (3): 17-18

杜仲. 2010. 地球大气的演变. 大科技: 科学之谜, (3): 50-51

高前兆, 李小雁, 苏德荣. 2002. 水资源危机. 北京: 化学工业出版社

贺大印. 1991. 地下水微量元素的评价, 微量元素, (4): 35-37

侯晓红, 张聪璐. 2015. 水资源利用与水环境保护工程. 北京: 中国建材工业出版社

科林·查特斯. 伊姆尤卡·瓦玛. 2012. 水危机. 伊恩, 张宏亮译. 北京: 机械工业出版社

李里特. 1997. 水的结构和生理功能. 科技导报, (1): 56-59

李善源, 冯文东. 2008. 探研生命之旅. 香港: 艺力国际出版有限公司

李学礼. 1982. 水文地球化学. 北京: 原子能出版社

李媛. 2010. 水是人类的朋友. 北京: 金城出版社

马育军, 李小雁, 徐霖, 等. 2010. 虚拟水战略中的蓝水和绿水细分研究, (4): 47-54

秦钰慧. 1987. 生活饮用水卫生标准. 环境与健康,(3): 46-51

任树梅, 杨培岭. 2003. 水资源保护. 北京: 中国水利水电出版社

上海第一医学院. 1981. 环境卫生学. 北京: 人民卫生出版社

沈倩青, 张光明. 2011. 饮用水反复烧开对水质的影响, 环境科学与技术, 34(5): 128-134

沈照理. 1986. 水文地球化学基础. 北京: 地质出版社

沈照理, 许绍倬, 等. 1989. 中国饮用天然矿泉水. 武汉: 中国地质大学出版社.

王大纯, 张人权, 史毅虹, 等. 1986. 水文地质学基础. 北京: 地质出版社

魏振枢. 2002. 环境水化学. 北京: 化学工业出版社

伍次寅. 1988. 不同方法煮沸饮水中亚硝酸盐含量的比较. 环境与健康杂志,(4): 30

席埔. 2011. 印江茶区老人长寿得益于爱喝茶. 茶. 健康天地,(12): 45-47

席兆胜, 孙井梅, 李湘中. 2006. 煮沸对自来水中氯仿含量的影响. 中国给水排水, 22(15): 47-49

夏邦栋. 1984. 普通地质学. 北京: 地质出版社

姚鼎山, 张朝伦, 田小兵. 2004. 走进长寿村. 上海: 东华大学出版社

俞誉福, 毛家骏. 1985. 环境污染与人体保健. 上海: 复旦大学出版社

中国大百科全书总编辑委员会. 1999. 中国大百科全书(光盘)(1.1 版). 北京: 中国大百科全书出版社

W.斯塔姆, J.J.摩尔根. 1987. 水化学. 汤鸿霄等译. 北京: 科学出版社

Шварцев С Л, Пиннекер А И, Перельман В И. 1982. Основы гидрогеологии, Гидрогеохимиия. Новоси бирск: Издательство《Наука》